Aprender

Eureka Math®
5.º grado
Módulos 1 y 2

Publicado por Great Minds®.

Copyright © 2019 Great Minds®.

Impreso en los EE. UU.
Este libro puede comprarse en la editorial en eureka-math.org.
10 9 8 7 6 5 4 3 2 1
v1.0 PAH
ISBN 978-1-64497-001-0

G5-SPA-M1-M2-L-05.2019

Aprender • Practicar • Triunfar

Los materiales del estudiante de *Eureka Math*® para *Una historia de unidades*™ (K–5) están disponibles en la trilogía *Aprender, Practicar, Triunfar*. Esta serie apoya la diferenciación y la recuperación y, al mismo tiempo, permite la accesibilidad y la organización de los materiales del estudiante. Los educadores descubrirán que la trilogía *Aprender, Practicar y Triunfar* también ofrece recursos consistentes con la Respuesta a la intervención (RTI, por sus siglas en inglés), las prácticas complementarias y el aprendizaje durante el verano que, por ende, son de mayor efectividad.

Aprender

Aprender de *Eureka Math* constituye un material complementario en clase para el estudiante, a través del cual pueden mostrar su razonamiento, compartir lo que saben y observar cómo adquieren conocimientos día a día. *Aprender* reúne el trabajo en clase—la Puesta en práctica, los Boletos de salida, los Grupos de problemas, las plantillas—en un volumen de fácil consulta y al alcance del usuario.

Practicar

Cada lección de *Eureka Math* comienza con una serie de actividades de fluidez que promueven la energía y el entusiasmo, incluyendo aquellas que se encuentran en *Practicar* de *Eureka Math*. Los estudiantes con fluidez en las operaciones matemáticas pueden dominar más material, con mayor profundidad. En *Practicar*, los estudiantes adquieren competencia en las nuevas capacidades adquiridas y refuerzan el conocimiento previo a modo de preparación para la próxima lección.

En conjunto, *Aprender* y *Practicar* ofrecen todo el material impreso que los estudiantes utilizarán para su formación básica en matemáticas.

Triunfar

Triunfar de *Eureka Math* permite a los estudiantes trabajar individualmente para adquirir el dominio. Estos grupos de problemas complementarios están alineados con la enseñanza en clase, lección por lección, lo que hace que sean una herramienta ideal como tarea o práctica suplementaria. Con cada grupo de problemas se ofrece una Ayuda para la tarea, que consiste en un conjunto de problemas resueltos que muestran, a modo de ejemplo, cómo resolver problemas similares.

Los maestros y los tutores pueden recurrir a los libros de *Triunfar* de grados anteriores como instrumentos acordes con el currículo para solventar las deficiencias en el conocimiento básico. Los estudiantes avanzarán y progresarán con mayor rapidez gracias a la conexión que permiten hacer los modelos ya conocidos con el contenido del grado escolar actual del estudiante.

Estudiantes, familias y educadores:

Gracias por formar parte de la comunidad de *Eureka Math*®, donde celebramos la dicha, el asombro y la emoción que producen las matemáticas.

En las clases de *Eureka Math* se activan nuevos conocimientos a través del diálogo y de experiencias enriquecedoras. A través del libro *Aprender* los estudiantes cuentan con las indicaciones y la sucesión de problemas que necesitan para expresar y consolidar lo que aprendieron en clase.

¿Qué hay dentro del libro Aprender?

Puesta en práctica: la resolución de problemas en situaciones del mundo real es un aspecto cotidiano de *Eureka Math*. Los estudiantes adquieren confianza y perseverancia mientras aplican sus conocimientos en situaciones nuevas y diversas. El currículo promueve el uso del proceso LDE por parte de los estudiantes: Leer el problema, Dibujar para entender el problema y Escribir una ecuación y una solución. Los maestros son facilitadores mientras los estudiantes comparten su trabajo y explican sus estrategias de resolución a sus compañeros/as.

Grupos de problemas: una minuciosa secuencia de los Grupos de problemas ofrece la oportunidad de trabajar en clase en forma independiente, con diversos puntos de acceso para abordar la diferenciación. Los maestros pueden usar el proceso de preparación y personalización para seleccionar los problemas que son «obligatorios» para cada estudiante. Algunos estudiantes resuelven más problemas que otros; lo importante es que todos los estudiantes tengan un período de 10 minutos para practicar inmediatamente lo que han aprendido, con mínimo apoyo de la maestra.

Los estudiantes llevan el Grupo de problemas con ellos al punto culminante de cada lección: la Reflexión. Aquí, los estudiantes reflexionan con sus compañeros/as y el maestro, a través de la articulación y consolidación de lo que observaron, aprendieron y se preguntaron ese día.

Boletos de salida: a través del trabajo en el Boleto de salida diario, los estudiantes le muestran a su maestra lo que saben. Esta manera de verificar lo que entendieron los estudiantes ofrece al maestro, en tiempo real, valiosas pruebas de la eficacia de la enseñanza de ese día, lo cual permite identificar dónde es necesario enfocarse a continuación.

Plantillas: de vez en cuando, la Puesta en práctica, el Grupo de problemas u otra actividad en clase requieren que los estudiantes tengan su propia copia de una imagen, de un modelo reutilizable o de un grupo de datos. Se incluye cada una de estas plantillas en la primera lección que la requiere.

¿Dónde puedo obtener más información sobre los recursos de Eureka Math?

El equipo de Great Minds® ha asumido el compromiso de apoyar a estudiantes, familias y educadores a través de una biblioteca de recursos, en constante expansión, que se encuentra disponible en eureka-math.org. El sitio web también contiene historias exitosas e inspiradoras de la comunidad de *Eureka Math*. Comparte tus ideas y logros con otros usuarios y conviértete en un Campeón de *Eureka Math*.

¡Les deseo un año colmado de momentos "¡ajá!"!

Jill Diniz

Jill Diniz
Directora de matemáticas
Great Minds®

El proceso de Leer-Dibujar-Escribir

El programa de *Eureka Math* apoya a los estudiantes en la resolución de problemas a través de un proceso simple y repetible que presenta la maestra. El proceso Leer-Dibujar-Escribir (LDE) requiere que los estudiantes

1. Lean el problema.

2. Dibujen y rotulen.

3. Escriban una ecuación.

4. Escriban un enunciado (afirmación).

Se procura que los educadores utilicen el andamiaje en el proceso, a través de la incorporación de preguntas tales como

- ¿Qué observas?

- ¿Puedes dibujar algo?

- ¿Qué conclusiones puedes sacar a partir del dibujo?

Cuánto más razonen los estudiantes a través de problemas con este enfoque sistemático y abierto, más interiorizarán el proceso de razonamiento y lo aplicarán instintivamente en el futuro.

Contenido

Módulo 1: Valor posicional y fracciones decimales

Tema A: Patrones multiplicativos en la tabla de valor posicional

Lección 1 3

Lección 2 13

Lección 3 19

Lección 4 27

Tema B: Patrones de fracciones decimales y valor posicional

Lección 5 33

Lección 6 41

Tema C: Valor posicional y redondeo de fracciones decimales

Lección 7 49

Lección 8 57

Tema D: Suma y resta con decimales

Lección 9 63

Lección 10 69

Tema E: Multiplicar decimales

Lección 11 75

Lección 12 81

Tema F: Dividir decimales

Lección 13 87

Lección 14 95

Lección 15 101

Lección 16 107

Módulo 2: Operaciones con números enteros de varios dígitos y fracciones decimales

Tema A: Estrategias mentales para multiplicar números enteros de varios dígitos

Lección 1 117

Lección 2 127

Tema B: El algoritmo estándar para multiplicar números enteros de varios dígitos

Lección 3 133

Lección 4 141

Lección 5 149

Lección 6 155

Lección 7 163

Lección 8 171

Lección 9 179

Tema C: Multiplicación decimal de varios dígitos

Lección 10 185

Lección 11 191

Lección 12 199

Tema D: Problemas escritos de medición con números enteros y multiplicación decimal

Lección 13 207

Lección 14 215

Lección 15 221

Tema E: Estrategias mentales para dividir números enteros de varios dígitos

Lección 16 225

Lección 17 233

Lección 18 239

Tema F: Cocientes parciales y división de números enteros de varios dígitos

Lección 19 245

Lección 20 251

Lección 21 259

Lección 22 267

Lección 23 275

5.º grado
Módulo 1

Tema G: Cocientes parciales y división decimal de varios dígitos

Lección 24 281

Lección 25 289

Lección 26 295

Lección 27 303

Tema H: Problemas escritos de medición con división de varios dígitos

Lección 28 311

Lección 29 315

El granjero Jaime tiene 12 gallinas en cada gallinero. Si el granjero Jaime tiene 20 gallineros, ¿cuántas gallinas tiene en total? Si cada gallina pone 9 huevos el lunes, ¿cuántos huevos recolectará el granjero Jaime el lunes? Explica tu razonamiento usando palabras, imágenes o números.

_____

_____

_____

Lee   **Dibuja**   **Escribe**

Nombre _____ Fecha _____

1. Usa la tabla de valor posicional y flechas para mostrar cómo cambia el valor de los dígitos. El primer ejemplo ya está resuelto.

   a. 3.452 × 10 = __34.52__

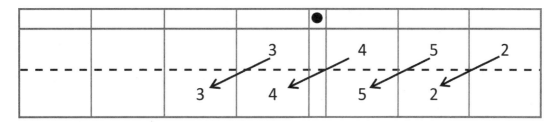

   b. 3.452 × 100 = _____

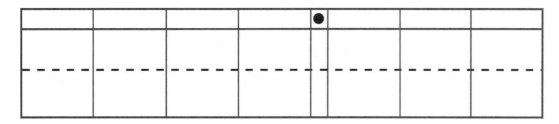

   c. 3.452 × 1,000 = _____

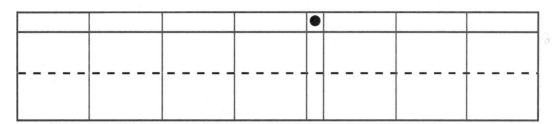

   d. Explica cómo y por qué ha cambiado el valor del 5 en (a), (b), y (c).

EUREKA MATH®

Lección 1:   Razonar concretamente y pictóricamente usando el razonamiento de valor posicional para relacionar las unidades de base diez adyacentes de millones a milésimas.

© 2019 Great Minds®. eureka-math.org

5

2. Usa la tabla de valor posicional y flechas para mostrar cómo cambia el valor de los dígitos. El primero ha sido resuelto para ustedes.

a. $345 ÷ 10 =$ ___34.5___

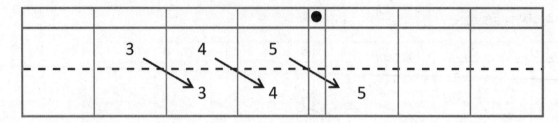

b. $345 ÷ 100 =$ _____

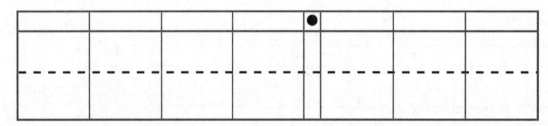

c. $345 ÷ 1,000 =$ _____

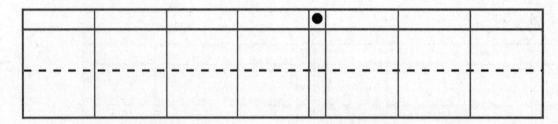

d. Explica cómo y por qué el valor del 4 cambia en los cocientes en (a), (b) y (c).

Lección 1:   Razonar concretamente y pictóricamente usando el razonamiento de valor posicional para relacionar las unidades de base diez adyacentes de millones a milésimas.
© 2019 Great Minds®. eureka-math.org

EUREKA
MATH

3. Un fabricante hizo 7,234 cajas de agitadores para café. Cada caja contenía 1,000 agitadores. ¿Cuántos agitadores hicieron? Explica tu razonamiento e incluye un enunciado de la solución.

4. Un estudiante usó su tabla de valor posicional para mostrar un número. Después de que el maestro le indicó que multiplicara su número por 10, la tabla mostró 3,200.4. Dibuja una imagen de cómo se veía la tabla de valor posicional al inicio.

				●			

Explica cómo decidiste qué dibujar en tu tabla de valor posicional. Asegúrate de incluir tu razonamiento sobre cómo el valor de cada dígito fue afectado por la multiplicación. Usa palabras, imágenes o números.

5. Un microscopio tiene un ajuste que magnifica un objeto de manera que aparezca 100 veces más grande cuando se ve a través del lente. Si un insecto pequeño tiene 0.095 cm de largo, ¿qué tan largo aparecerá el insecto en centímetros a través del microscopio? Explica cómo lo sabes.

EUREKA MATH

Lección 1:   Razonar concretamente y pictóricamente usando el razonamiento de valor posicional para relacionar las unidades de base diez adyacentes de millones a milésimas.

© 2019 Great Minds®. eureka-math.org

7

Nombre _____   Fecha _____

Usa la tabla de valor posicional y flechas para mostrar cómo cambia el valor de los dígitos.

a.   6.671 × 100 = _____

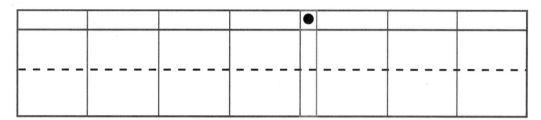

b.   684 ÷ 1,000 = _____

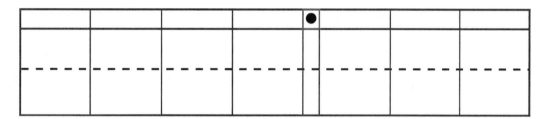

1,000,000	100,000	10,000	1,000	100	10	1	.	$\frac{1}{10}$	$\frac{1}{100}$	$\frac{1}{1000}$
Millones	Centena Millares	Decena Millares	Millares	Centenas	Decenas	Unidades	.	Décimas	Centésimas	Milésimas
							.			
							.			
							.			

tabla de valor posicional de millones a milésimas

Lección 1:   Razonar concretamente y pictóricamente usando el razonamiento de valor posicional para relacionar las unidades de base diez adyacentes de millones a milésimas.

© 2019 Great Minds®. eureka-math.org

11

Un distrito escolar solicitó 247 cajas de lápices. Cada caja tiene 100 lápices. Si los lápices se van a compartir equitativamente entre 10 salones de clase, ¿cuántos lápices recibirá cada clase? Dibuja una tabla de valor posicional para mostrar tu razonamiento.

_____

_____

_____

_____

Lee   **Dibuja**   **Escribe**

Lección 2:   Razonar abstractamente usando el conocimiento del valor posicional para relacionar unidades con base diez adyacente de millones a milésimas.

Nombre _____   Fecha _____

1. Resuelve.

    a. 54,000 × 10 = _____   e. 0.13 × 100 = _____

    b. 54,000 ÷ 10 = _____   f. 13 ÷ 1,000 = _____

    c. 8.7 × 10 = _____   g. 3.12 × 1,000 = _____

    d. 8.7 ÷ 10 = _____   h. 4,031.2 ÷ 100 = _____

2. Calcula los productos.

    a. 19,340 × 10 = _____

    b. 19,340 × 100 = _____

    c. 19,340 × 1,000 = _____

    d. Explica cómo decidiste el número de ceros en los productos de (a), (b) y (c).

 Lección 2:   Razonar abstractamente usando el lconocimiento del valor posicional para relacionar unidades con base diez adyacente de millones a milésimas.   15

© 2019 Great Minds®. eureka-math.org

3. Calcula los cocientes.

    a.   152 ÷ 10 = _____

    b.   152 ÷ 100 = _____

    c.   152 ÷ 1,000 = _____

    d.   Explica cómo decidiste dónde colocar el punto decimal en los cocientes de (a), (b) y (c).

4. Janice cree que 20 centésimas es equivalente a 2 milésimas, porque 20 centenas es igual 2 millares. Usa palabras y una tabla de valor posicional para corregir el error de Janice.

5. Canadá tiene una población que es aproximadamente $\frac{1}{10}$ del tamaño de la de Estados Unidos. Si la población de Canadá es de cerca de 32 millones, ¿cuánta gente vive en los Estados Unidos aproximadamente? Explica la cantidad de ceros en tu respuesta.

Lección 2:   Razonar abstractamente usando el conocimiento del valor posicional para relacionar unidades con base diez adyacente de millones a milésimas.

© 2019 Great Minds®. eureka-math.org

EUREKA MATH

Nombre _____   Fecha _____

1. Resuelve.

    a. $32.1 \times 10 =$ _____   b. $3{,}632.1 \div 10 =$ _____

2. Resuelve.

    a. $455 \times 1{,}000 =$ _____   b. $455 \div 1{,}000 =$ _____

EUREKA MATH

Lección 2:   Razonar abstractamente usando el conocimiento del valor posicional para relacionar unidades con base diez adyacente de millones a milésimas.

© 2019 Great Minds®. eureka-math.org

17

Jack y Kevin están haciendo un mosaico para la clase de arte usando fragmentos de azulejos rotos. Quieren que el mosaico tenga 100 secciones. Si cada sección necesita 31.5 azulejos, ¿cuántos azulejos van a necesitar para completar el mosaico? Explica tu razonamiento con una tabla de valor posicional.

_____

_____

_____

_____

Lee   Dibuja   Escribe

EUREKA MATH®

Lección 3:   Usar exponentes para nombrar las unidades del valor posicional y explicar patrones en la posición del punto decimal.

19

Nombre _____   Fecha _____

1. Escribe los siguientes números en formato exponencial (p. ej., $100 = 10^2$).

    a. $10,000 =$ _____   d. $100 \times 100 =$ _____

    b. $1,000 =$ _____   e. $1,000,000 =$ _____

    c. $10 \times 10 =$ _____   f. $1,000 \times 1,000 =$ _____

2. Escribe los siguientes números en formato estándar (p. ej., $5 \times 10^2 = 500$).

    a. $9 \times 10^3 =$ _____   e. $4.025 \times 10^3 =$ _____

    b. $39 \times 10^4 =$ _____   f. $40.25 \times 10^4 =$ _____

    c. $7,200 \div 10^2 =$ _____   g. $72.5 \div 10^2 =$ _____

    d. $7,200,000 \div 10^3 =$ _____ h. $7.2 \div 10^2 =$ _____

3. Piensa en las respuestas del Problema 2(a–d). Explica el patrón que usaste para calcular una respuesta cuando multiplicaste o dividiste un número entero entre una potencia de 10.

4. Piensa en las respuestas del Problema 2(e–h). Explica el patrón usado para colocar el punto decimal en la respuesta cuando multiplicaste o dividiste un número decimal entre una potencia de 10.

EUREKA MATH®

Lección 3:   Usar exponentes para nombrar las unidades del valor posicional y explicar patrones en la posición del punto decimal.

© 2019 Great Minds®. eureka-math.org

21

5. Completa estos patrones:

a. 0.03 0.3 _____ 30 _____ _____

b. 6,500,000 65,000 _____ 6.5 _____

c. _____ 9,430 _____ 94.3 9.43 _____

d. 999 9990 99,900 _____ _____ _____

e. _____ 7.5 750 75,000 _____ _____

f. Explica cómo encontraste las incógnitas en el conjunto (b). Asegúrate de incluir tu razonamiento acerca de la cantidad de ceros en tus números y cómo colocaste el punto decimal.

g. Explica cómo encontraste las incógnitas en el conjunto (d). Asegúrate de incluir tu razonamiento acerca de la cantidad de ceros en tus números y cómo colocaste el punto decimal.

6. Shaunnie y Marlon faltaron a la lección sobre exponentes. Shaunnie escribió incorrectamente $10^5 = 50$ en su papel y Marlon escribió incorrectamente $2.5 \times 10^2 = 2.500$ en su papel.

a. ¿Qué error cometió Shaunnie? Usando palabras, números o dibujos, explica por qué su razonamiento es incorrecto y qué necesita para corregir su respuesta.

b. ¿Qué error cometió Marlon? Usando palabras, números o dibujos, explica por qué su razonamiento es incorrecto y qué necesita para corregir su respuesta.

Lección 3:   Usar exponentes para nombrar las unidades del valor posicional y explicar patrones en la posición del punto decimal.

EUREKA MATH

Nombre _____   Fecha _____

1. Escribe los siguientes en formato exponencial y como un enunciado de multiplicación usando solo 10 como factor (p. ej., $100 = 10^2 = 10 \times 10$).

    a. 1,000 = _____ = _____

    b. 100×100 = _____ = _____

2. Escribe los siguientes números en formato estándar (p. ej., $4 \times 10^2 = 400$).

    a. 3×10^2 = _____   c. $800 \div 10^3$ = _____

    b. 2.16×10^4 = _____   d. $754.2 \div 10^2$ = _____

10	10 × ___	

tabla de potencias de 10

Lección 3:   Usar exponentes para nombrar las unidades del valor posicional y explicar patrones en la posición del punto decimal.

25

© 2019 Great Minds®. eureka-math.org

a. Utiliza tu cinta métrica para mostrar y explicar la longitud que se relaciona con las posiciones de las centésimas y milésimas. Ingresa tus resultados en la tabla.

Millares	Centenas	Decenas	Unidades	Décimas	Centésimas	milésimas
			1 metro	$\frac{1}{10}$ metro decímetro		

b. Explica la longitud que se relaciona con las decenas, centenas y millares. Ingresa los resultados en la tabla.

Lee   **Dibuja**   **Escribe**

Nombre _____   Fecha _____

1. Convierte y escribe una ecuación con un exponente. Usa la cinta métrica, si te ayuda.

a. 3 metros a centímetros   3 m = 300 cm   _____ $3 \times 10^2 = 300$ _____

b. 105 centímetros a metros   105 cm = _____ m   _____

c. 1.68 metros a centímetros   _____ m = _____ cm   _____

d. 80 centímetros a metros   _____ cm = _____ m   _____

e. 9.2 metros a centímetros   _____ m = _____ cm   _____

f. 4 centímetros a metros   _____ cm = _____ m   _____

g. En el espacio a continuación, enumera las letras de los problemas donde se convierten unidades más grandes a unidades más pequeñas.

2. Convierte usando una ecuación con un exponente. Usa la cinta métrica, si te ayuda.

a. 3 metros a milímetros   _____ m = _____ mm   _____

b. 1.2 metros a milímetros   _____ m = _____ mm   _____

c. 1,020 milímetros a metros   _____ mm = _____ m   _____

d. 97 milímetros a metros   _____ mm = _____ m   _____

e. 7.28 metros a milímetros   _____ m = _____ mm   _____

f. 4 milímetros a metros   _____ mm = _____ m   _____

g. En el espacio a continuación, enumera las letras de los problemas donde se convierten unidades más pequeñas a unidades más grandes.

Lección 4:   Usar exponentes para denotar potencias de 10 con aplicación
               a conversiones métricas.

29

© 2019 Great Minds®. eureka-math.org

3. Lee cada uno en voz alta al ir escribiendo las medidas equivalentes. Escribe una ecuación con un exponente que puedas usar para convertir.

   a. 3.512 m = _____ mm $3.512 \times 10^3 = 3{,}512$

   b. 8 cm = _____ m   _____

   c. 42 mm = _____ m   _____

   d. 0.05 m = _____ mm   _____

   e. 0.002 m = _____ cm   _____

4. La longitud de la barra para una competencia de salto alto siempre debe ser 4.75 m. Expresa la medida en milímetros. Explica tu razonamiento. Incluye una ecuación con un exponente en tu explicación.

5. La longitud de una abeja es de 1 cm. Expresa la medida en metros. Explica tu razonamiento. Incluye una ecuación con un exponente en tu explicación.

6. Explica por qué al convertir metros a centímetros usa un exponente diferente para convertir metros a milímetros.

Lección 4:   Usar exponentes para denotar potencias de 10 con aplicación
                          a conversiones métricas.

EUREKA MATH®

Nombre _____   Fecha _____

1. Convierte usando una ecuación con un exponente.

    a. 2 metros a centímetros   2 m = _____ cm   _____

    b. 40 milímetros a metros   40 mm = _____ m   _____

2. Lee cada uno en voz alta al ir escribiendo las medidas equivalentes.

    a. Un pedazo de telamide 3.9 metros. Expresa la longitud en centímetros.

    b. El pulgar de la Srta. Ramos mide 4 centímetros. Expresa la longitud en metros.

EUREKA
MATH®

Lección 4:   Usar exponentes para denotar potencias de 10 con aplicación
                 a conversiones métricas.

© 2019 Great Minds®. eureka-math.org

31

Jordan mide un escritorio de 200 cm. Jaime mide el mismo escritorio en milímetros y Amy mide el mismo escritorio en metros. ¿Cuál es la medida de Jaime en milímetros? ¿Cuál es la medida de Amy en metros? Muestra tu razonamiento usando una tabla de valor posicional o una ecuación con exponentes.

Lee   **Dibuja**   **Escribe**

EUREKA MATH

Lección 5: Nombrar fracciones decimales en las formas desarrollada, unitaria y en palabras aplicando la lógica del valor posicional.

© 2019 Great Minds®. eureka-math.org

33

Nombre _____   Fecha _____

1. Expresa como números decimales. El primero está hecho como ejemplo.

a.	Cuatro milésimas	0.004
b.	Veinticuatro milésimas	
c.	Uno y trescientas veinticuatro milésimas	
d.	Seiscientas ocho milésimas	
e.	Seiscientos y ocho milésimas	
f.	$\frac{46}{1000}$	
g.	$3\frac{946}{1000}$	
h.	$200\frac{904}{1000}$	

2. Escribe cada uno de los siguientes valores en palabras.

a. 0.005   _____

b. 11.037   _____

c. 403.608   _____

3. Escribe el número en una tabla de valor posicional. Luego, escríbelo en su forma desarrollada usando fracciones o decimales para expresar las unidades de valor posicional decimal. El primero está hecho como ejemplo.

a. 35.827

Decenas	Unidades		Décimas	Centésimas	Milésimas
3	5	●	8	2	7

$35.827 = 3 \times 10 + 5 \times 1 + 8 \times \left(\frac{1}{10}\right) + 2 \times \left(\frac{1}{100}\right) + 7 \times \left(\frac{1}{1000}\right)$ o

$= 3 \times 10 + 5 \times 1 + 8 \times 0.1 + 2 \times 0.01 + 7 \times 0.001$

Lección 5:   Nombrar fracciones decimales en las formas desarrollada, unitaria y en palabras aplicando la lógica del valor posicional.

35

b.   0.249

c.   57.281

4.   Escribe un decimal para cada uno de los siguientes ejercicios. Usa la tabla de valor posicional para ayudarte si lo necesitas.

a. $7 \times 10 + 4 \times 1 + 6 \times \left(\frac{1}{10}\right) + 9 \times \left(\frac{1}{100}\right) + 2 \times \left(\frac{1}{1000}\right)$

b. $5 \times 100 + 3 \times 10 + 8 \times 0.1 + 9 \times 0.001$

c. $4 \times 1{,}000 + 2 \times 100 + 7 \times 1 + 3 \times \left(\frac{1}{100}\right) + 4 \times \left(\frac{1}{1000}\right)$

5.   El Sr. Pham escribió 2.619 en el pizarrón. Christy dice que es dos y seiscientas diecinueve milésimas. Amy dice que es 2 unidades 6 décimas 1 centésimas 9 milésimas. ¿Quién está en lo correcto? Usa palabras y números para explicar tu respuesta.

Lección 5:   Nombrar fracciones decimales en las formas desarrollada, unitaria y en palabras aplicando la lógica del valor posicional.

© 2019 Great Minds®. eureka-math.org

EUREKA
MATH

Nombre _____   Fecha _____

1. Expresa nueve milésimas como un decimal.

2. Expresa veinte-nueve milésimas como una fracción.

3. Expresa 24.357 en palabras.

    a. Escríbelo en su forma desarrollada usando fracciones o decimales.

    b. Expresa en forma de unidades.

Lección 5:   Nombrar fracciones decimales en las formas desarrollada, unitaria y en palabras
aplicando la lógica del valor posicional.

© 2019 Great Minds®. eureka-math.org

37

Miles	Centenas	Decenas	Unidades	Décimas	Centésimas	Milésimas

miles a través de milésimas de la tabla de valor posicional

Lección 5:   Nombrar fracciones decimales en las formas desarrollada, unitaria y en palabras aplicando la lógica del valor posicional.   39

© 2019 Great Minds®. eureka-math.org

La Srta. Meyer mide el borde de su mesa del comedor hasta las centésimas de metro. El borde de la mesa mide 32.15 metros. Expresa su medida en forma escrita, en forma de unidad y en forma desarrollada usando fracciones y decimales.

_____

_____

_____

_____

Lee   **Dibuja**   **Escribe**

Lección 6:   Comparar fracciones decimales hasta las milésimas usando unidades
              semejantes y expresando las comparaciones con >, <, =.

EUREKA MATH®

© 2019 Great Minds®. eureka-math.org

41

Nombre _____ Fecha _____

1. Muestra los números en la tabla de valor posicional usando dígitos. Usa >, < o = para comparar. Explica tu razonamiento en el espacio a la derecha.

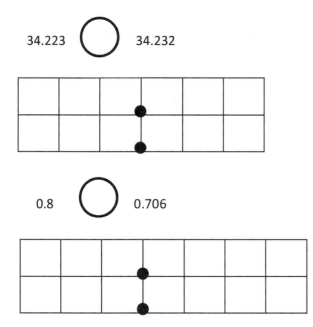

34.223 ◯ 34.232

0.8 ◯ 0.706

2. Usa >, < o = para comparar lo siguiente. Usa la tabla de valor posicional para ayudarte si es necesario.

a. 16.3	◯	16.4
b. 0.83	◯	$\frac{83}{100}$
c. $\frac{205}{1000}$	◯	0.205
d. 95.580	◯	95.58
e. 9.1	◯	9.099
f. 8.3	◯	83 décimas
g. 5.8	◯	Cincuenta y ocho centésimas

EUREKA MATH®

Lección 6: Comparar fracciones decimales hasta las milésimas usando unidades semejantes y expresando las comparaciones con >, <, =.

43

© 2019 Great Minds®. eureka-math.org

h.	Treinta y seis y nueve milésimas	◯	4 decenas
i.	202 centésimas	◯	2 centenas y 2 milésimas
j.	Una centena cincuenta y ocho milésimas.	◯	158,000
k.	4.15	◯	415 décimas

3. Ordena los números en orden creciente.

   a. 3.049   3.059   3.05   3.04

   _____

   b. 182.205   182.05   182.105   182.025

   _____

4. Ordena los números en orden descendiente.

   a. 7.608   7.68   7.6   7.068

   _____

   b. 439.216   439.126   439.612   439.261

   _____

Lección 6:   Comparar fracciones decimales hasta las milésimas usando unidades
                    semejantes y expresando las comparaciones con >, <, =.

© 2019 Great Minds®. eureka-math.org

EUREKA MATH

5. Lance midió 0.485 litros de agua. Ángel midió 0.5 litros de agua. Lance dijo, "Mi matraz tiene más agua que el tuyo porque mi número tiene tres lugares decimales y el tuyo sólo tiene uno." ¿Lance está en lo correcto? Usa palabras y números para explicar tu respuesta.

6. El Dr. Hong recetó 0.019 litros más de medicina que el Dr. Tannenbaum. El Dr. Evans recetó 0.02 menos que el Dr. Hong. ¿Quién recetó más medicina? ¿Quién recetó menos?

Lección 6:   Comparar fracciones decimales hasta las milésimas usando unidades semejantes y expresando las comparaciones con >, <, =.

45

© 2019 Great Minds®. eureka-math.org

Nombre _____   Fecha _____

1. Muestra los números en la tabla de valor posicional usando dígitos. Usa >, < o = para comparar. Explica tu razonamiento en el espacio a la derecha.

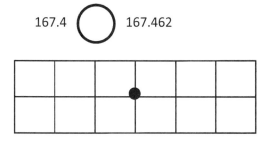

2. Usa >, < o = para comparar lo siguiente.

3. Ordena los números en orden descendiente.

76.342   76.332   76.232   76.343

_____

EUREKA MATH®   Lección 6:   Comparar fracciones decimales hasta las milésimas usando unidades   47
semejantes y expresando las comparaciones con >, <, =.

© 2019 Great Minds®. eureka-math.org

El sábado, Craig, Randy, Charlie y Sam corrieron una carrera de 5K. Ellos fueron los 4 primeros finalistas. Estos son sus tiempos en la carrera:

Craig: 25.9 minutos   Randy: 32.2 minutos

Charlie: 32.28 minutos   Sam: 25.85 minutos

¿Ouién quedó en primer lugar? ¿Ouién quedó en segundo lugar? ¿tercero? ¿cuarto?

_____

_____

_____

_____

Lee   Dibuja   Escribe

EUREKA MATH®

Lección 7:   Redondear un decimal dado a cualquier posición usando la comprensión del valor posicional y la recta numérica vertical.

49

© 2019 Great Minds®. eureka-math.org

Nombre _____   Fecha _____

Llena la tabla y luego redondea a la posición dada. Etiqueta las rectas numéricas para mostrar tu trabajo. Encierra en un círculo el número redondeado.

1. 3.1

   a. Centésimas   b. Décimas   c. Decenas

Decenas	Unidades	Décimas	Centésimas	Milésimas

2. 115.376

   a. Centésimas   b. Unidades   c. Decenas

Decenas	Unidades	Décimas	Centésimas	Milésimas

EUREKA MATH

Lección 7:   Redondear un decimal dado a cualquier posición usando la comprensión del valor posicional y la recta numérica vertical.

51

© 2019 Great Minds®. eureka-math.org

3. 0.994

Decenas	Unidades	Décimas	Centésimas	Milésimas

a. Centésimas   b. Décimas   c. Unidades   d. Decenas

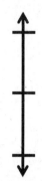

4. Para una competencia internacional de lanzamiento de bala masculino, el círculo de lanzamiento debe tener un diámetro de 2.135 metros. Redondea este número a la centésima más cercana. Usa una recta numérica para mostrar su trabajo.

5. El podómetro de Jen indicaba que ella caminó 2.549 millas. Ella redondeó su distancia a 3 millas. Su hermano redondeó su distancia a 2.5 millas. Cuando hablaron sobre eso, su mamá dijo que ambas tenían razón. Explica cómo podía ser eso cierto. Usa rectas numéricas y palabras para explicar tu razonamiento.

EUREKA
MATH®

Nombre _____ Fecha _____

Usa la tabla para redondear el número a las posiciones dadas. Etiqueta las rectas numéricas y encierra en un círculo el valor redondeado.

8.546

Decenas	Unidades	•	Décimas	Centésimas	Milésimas
	8	•	5	4	6
		•	85	4	6
		•		854	6
		•			8546

a. Centésimas

b. Decenas

EUREKA MATH

Lección 7: Redondear un decimal dado a cualquier posición usando la comprensión del valor posicional y la recta numérica vertical.

53

© 2019 Great Minds®. eureka-math.org

Centenas	Decenas	Unidades	•	Décimas	Centésimas	Milésimas

tabla de valor posicional de centenas y milésimas.

La harina orgánica de trigo se vende en bolsas que pesan 2.915 kilogramos.

   a. ¿Cuánta harina es cuando se redondea a la décima más cercana? Usa una tabla de valor posicional y una recta numérica para explicar tu razonamiento.

   b. ¿Cuánta harina es cuando se redondea a la unidad más cercana?.

Lee   Dibuja   Escribe

Lección 8:   Redondear un decimal dado a cualquier posición usando la comprensión del valor posicional y la recta numérica vertical.   57

© 2019 Great Minds®. eureka-math.org

Extensión: ¿cuál es la diferencia entre las dos respuestas?

Lee   Dibuja   Escribe

Lección 8:   Redondear un decimal dado a cualquier posición usando la comprensión del
valor posicional y la recta numérica vertical.

EUREKA
MATH®

Nombre _____   Fecha _____

1. Escribe la descomposición que te ayude y luego redondea al valor posicional dado. Dibuja rectas numéricas para explicar tu razonamiento. Encierra en un círculo el valor redondeado en cada recta numérica.

    a. Redondea 32.697 a la décima, centésima y unidad más cercana.

    b. Redondea 141.999 a la décima, centésima, decena y centena más cercana.

2. Una fábrica de cerveza de raíz produce 132,554 cajas en 100 días. Aproximadamente, ¿cuántas cajas produce la fábrica en 1 día? Redondea tu respuesta a la décima más cercana. Muestra tu razonamiento en la recta numérica.

Lección 8:   Redondear un decimal dado a cualquier posición usando la comprensión del   59
              valor posicional y la recta numérica.

© 2019 Great Minds®. eureka-math.org

3. Un número decimal tiene dos dígitos a la derecha del punto decimal. Si lo redondeamos a la décima más cercana, el resultado es 13.7.

   a. ¿Cuáles son los valores máximo y mínimo posibles de este número? Usa palabras y la recta numérica para explicar tu razonamiento. Incluye el punto medio en tu recta numérica.

   b. ¿Cuál es el valor mínimo posible de este decimal? Usa palabras y la recta numérica para explicar tu razonamiento. Incluye el punto medio en tu recta numérica.

Lección 8:   Redondear un decimal dado a cualquier posición usando la comprensión del valor posicional y la recta numérica vertical.

© 2019 Great Minds®. eureka-math.org

EUREKA MATH®

Nombre _____   Fecha _____

1. Redondea la cantidad al valor posicional dado. Dibuja rectas numéricas para explicar tu razonamiento.
    Encierra en un círculo el valor redondeado en la recta numérica.

    a. 13.989 a la décima más cercana.   b. 382.993 a la centésima más cercana.

Lección 8:   Redondear un decimal dado a cualquier posición usando la comprensión del   61
                valor posicional y la recta numérica vertical.

© 2019 Great Minds®. eureka-math.org

Diez pelotas de béisbol pesan 1,417.4 gramos. ¿Cuánto pesa, aproximadamente, 1 pelota de béisbol? Redondea tu respuesta a la décima de gramo más cercana. Redondea tu respuesta al gramo más cercano. ¿Qué respuesta le darían a alguien que pregunte: "¿Cuánto pesa una pelota de béisbol?". Explica tu elección.

_____

_____

_____

_____

Lee   Dibuja   Escribe

    Lección 9:   Sumar decimales usando las estrategias del valor posicional y relacionar estas estrategias con un método escrito.   63

© 2019 Great Minds®. eureka-math.org

Nombre _____   Fecha _____

1. Resuelve y escribe la suma en forma estándar. Usa la tabla de valor posicional si es necesario.

    a. 1 décima + 2 décimas = _____ décimas = _____

    b. 14 décimas + 9 décimas = _____ décimas = _____ unidad(es) _____ décima(s) = _____

    c. 1 centésima + 2 centésimas = _____ centésimas = _____

    d. 27 centésimas + 5 centésimas = _____ centésimas = _____ décimas _____ centésimas = _____

    e. 1 milésima + 2 milésima = _____ milésima = _____

    f. 35 milésima + 8 milésima = ____ milésima = ____ centésimas ____ milésima = _____

    g. 6 décimas + 3 milésima = _____ milésima = _____

    h. 7 unidades 2 décimas + 4 décimas = _____ décimas = _____

    i. 2 milésimas + 9 unidades 5 milésimas = _____ milésimas = _____

2. Resuelve usando el algoritmo estándar.

a. 0.3 + 0.82 = _____	b. 1.03 + 0.08 = _____
c. 7.3 + 2.8 = _____	d. 57.03 + 2.08 = _____

e. 62.573 + 4.328 = _____	f. 85.703 + 12.197 = _____

3. El sendero del parque Van Cortlandt es 1.02 km más largo que el del Parque Marine. El sendero de Central Park es 0.242 km más largo que el del parque Van Cortlandt.

a. Completa la información que le falta a la siguiente tabla.

Los senderos de la ciudad de Nueva York	
Central Park	_____ km
Parque Marine	1.28 km
Parque Van Cortlandt	_____ km

b. Si un turista caminó los tres senderos en un día, ¿cuántos kilómetros caminó?

4. A Meyer le queda 0.64 GB de espacio en su ¡Pod. Quiere descargar una app de podómetro (0.24 GB), una app de fotografía (0.403 GB) y una app de matemáticas (0.3 GB). ¿Qué apps sí puede descargar? Explica tu razonamiento.

66   Lección 9:   Sumar decimales usando las estrategias del valor posicional y relacionar estas estrategias con un método escrito.

© 2019 Great Minds®. eureka-math.org

EUREKA MATH®

Nombre _____   Fecha _____

1. Resuelve.

a. 4 centésimas + 8 centésimas = _____ centésimas = _____ décima(s) _____ centésimas

b. 64 centésimas + 8 centésimas = _____ centésimas = _____ décimas _____ centésimas

2. Resuelve usando el algoritmo estándar.

a. 2.40 + 1.8 = _____	b. 36.25 + 8.67 = _____

Lección 9:   Sumar decimales usando las estrategias del valor posicional y relacionar
estas estrategias con un método escrito.

67

© 2019 Great Minds®. eureka-math.org

En las Olimpíadas de Londres de 2012, Michael Phelps ganó la medalla de oro en los 100 metros masculinos estilo mariposa. Nadó los primeros 50 metros en 26.96 segundos. Los segundos 50 metros le tomaron 25.39 segundos. ¿Cuál fue su tiempo total?

_____

_____

_____

_____

Lee   **Dibuja**   **Escribe**

Lección 10:   Restar decimales usando las estrategias del valor posicional y relacionar
estas estrategias con un método escrito.

© 2019 Great Minds®. eureka-math.org

69

Nombre _____   Fecha _____

1. Resta y escribe la diferencia en forma estándar. Si quieres, puedes usar una tabla de valor posicional para ayudarte.

    a. 5 décimas – 2 décimas = _____ décimas = _____

    b. 5 unidades 9 milésimas – 2 unidades = _____ unidades _____ milésimas _____

    c. 7 centenas 8 centésimas – 4 centésimas = _____ centenas _____ centésimas _____

    d. 37 milésimas – 16 milésimas= _____ milésimas _____

2. Resuelve usando el algoritmo estándar.

| a. 1.4 – 0.7 = <u>0.7</u>

   0 14
  X.4
 – 0.7
 ―――
 0.7 | b. 91.49 – 0.7 = _____

    0 14
  9X.X9
 –0.70
 ―――
  .79 | c. 191.49 – 10.72 = _____ |
| d. 7.148 – 0.07 = _____ | e. 60.91 – 2.856 = _____ | f. 361.31 – 2.841 = _____ |

Lección 10: Restar decimales usando las estrategias del valor posicional y relacionar estas estrategias con un método escrito.

71

© 2019 Great Minds®. eureka-math.org

3. Resuelve.

a. 10 decenas – 1 decena 1 décima	b. 3 – 22 décimas	c. 37 décimas – 1 unidad 2 décimas
	9 2 10 10 3.00 − 0.22 —— 2.78	0 10 10 1.20 −0.37 —— .83 0.37 − 0.12 —— 0.25
d. 8 unidades 9 centésimas – 3.4	**e. 5.622 – 3 centésimas**	**f. 2 unidades 4 décimas – 0.59**
7 10 8.09 − 3.4 —— 4.69	5 12 5.622 − 0.03 —— 5.592	

4. La Sra. Fan escribió 5 décimas menos 3 centésimas en el pizarrón. Michael dijo que la respuesta es 2 décimas, porque 5 menos 3 son 2. ¿Tiene razón? Explica.

5. Un bolígrafo cuesta $2.09. Cuesta $0.45 menos que un marcador. Ken pagó por un bolígrafo y un marcador con un billete de cinco dólares. Usa un diagrama de cinta con cálculos para determinar cuál fue su cambio.

EUREKA MATH®

Nombre _____   Fecha _____

1. Restar.

    1.7 − 0.8 = _____ décimas − _____ décimas = _____ décimas = _____

2. Resta verticalmente, mostrando todo el trabajo.

    a. 84.637 − 28.56 = _____

    b. 7 − 0.35 = _____

Lección 10:   Restar decimales usando las estrategias del valor posicional y relacionar
estas estrategias con un método escrito.

© 2019 Great Minds®. eureka-math.org

73

Después de la escuela, Marco corrió 3.2 km y Cindy corrió 1.95 km. ¿Quién corrió más lejos? ¿Cuánto más lejos?

_____

_____

_____

_____

Lee   Dibuja   Escribe

Lección 11:   Multiplicar una fracción decimal por números enteros de un dígito,
                relacionar a un método escrito a través de la aplicación del modelo de área
                y la comprensión del valor posicional, y explicar el razonamiento utilizado.

© 2019 Great Minds®. eureka-math.org

75

Nombre _____ Fecha _____

1. Resuelve dibujando discos en una tabla de valor posicional. Escribe una ecuación y expresa el producto en forma estándar.

   a. 3 copias de 2 décimas.

   b. 5 grupos de 2 centésimas

   c. 3 por 6 décimas

   d. 6 por 4 centésimas

   e. 5 veces más que 7 décimas

   f. 4 milésimas por 3

2. Dibuja un modelo similar al trazado a continuación para las Partes (b), (c) y (d). Encuentra la suma de los productos parciales para evaluar cada expresión.

   a. 7 × 3.12

	3 unidades	+	1 décima	+	2 centésimas
7	7 × 3 unidades		7 × 1 décima		7 × 2 centésimas

   _____ + _____ + 0.14 = _____

   b. 6 × 4.25

Lección 11: Multiplicar una fracción decimal por números enteros de un dígito, relacionar a un método escrito a través de la aplicación del modelo de área y la comprensión del valor posicional, y explicar el razonamiento utilizado.

77

c. 3 copias de 4.65

d. 4 veces más que 20.075

3. Miguel dio incorrectamente el producto de 7 × 2.6 como 14.42. Usa una tabla de valor posicional o un modelo de área para ayudar a Miguel a comprender su error.

4. La Sra. Zamir quiere comprar 8 transportadores y algunos borradores para su clase. Ella tiene $30. Si los transportadores cuestan $2.65 cada uno, ¿Cuánto le queda a la Sra. Zamir para comprar borradores?

Lección 11:   Multiplicar una fracción decimal por números enteros de un dígito, relacionar a un método escrito a través de la aplicación del modelo de área y la comprensión del valor posicional, y explicar el razonamiento utilizado.
© 2019 Great Minds®. eureka-math.org

EUREKA MATH

Nombre _____ Fecha _____

1. Resuelve dibujando discos en una tabla de valor posicional. Escribe una ecuación y expresa el producto en forma estándar.

   4 copias de 3 décimas

2. Complete el modelo de área y luego encuentra el producto.

   3×9.63

_____	_____	_____
3 × ____ unidades	3 × ____ décimas	3 × _____ centésimas

_____

EUREKA MATH

Lección 11: Multiplicar una fracción decimal por números enteros de un dígito, relacionar a un método escrito a través de la aplicación del modelo de área y la comprensión del valor posicional, y explicar el razonamiento utilizado.

© 2019 Great Minds®. eureka-math.org

79

Patty compra 7 cajas de jugo al mes para el almuerzo. Si una caja de jugo cuesta $2.79, ¿cuánto dinero gasta Patty en jugo cada mes? Usa un modelo de área para resolverlo.

Extensión: ¿Cuánto gastará en jugo Patty en 10 meses? ¿En 12 meses?

_____

_____

_____

_____

Lee   **Dibuja**   **Escribe**

Lección 12: Multiplicar una fracción decimal con números enteros de un solo dígito, incluyendo el uso de la estimación para confirmar la colocación del punto decimal.

© 2019 Great Minds®. eureka-math.org

81

Nombre _____   Fecha _____

1. Elige el producto lógico para cada expresión. Explica tu razonamiento en los espacios a continuación usando palabras, imágenes o números.

   a. 2.5 x 4   0.1   1   10   100

   _____

   b. 3.14 x 7   2198   219.8   21.98   2.198

   _____

   c. 8 x 6.022   4.8176   48.176   481.76   4817.6

   _____

   d. 9 x 5.48   493.2   49.32   4.932   0.4932

EUREKA
MATH®

Lección 12:   Multiplicar una fracción decimal lcon números enteros de un solo
               dígito, incluyendo el uso de la estimación para confirmar la colocación
               del punto decimal.

© 2019 Great Minds®. eureka-math.org

83

2. Pedro está construyendo un especiero con 4 estantes de 0.55 metros de largo cada uno. En la ferretería, Pedro descubre que sólo puede comprar los estantes en longitudes de un metro entero. ¿Exactamente cuántos metros de estantes necesita Pedro? Ya que sólo puede comprar longitudes de números enteros, ¿cuántos metros de estantes debe comprar? Justifica tu razonamiento.

3. Marcel monta su bicicleta para llegar a la escuela y regresar a casa los martes y jueves. Vive a 3.62 kilómetros de distancia de la escuela. El maestro de gimnasia de Marcel quiere saber alrededor de cuántos kilómetros él recorre en una semana. El maestro de matemáticas de Marcel quiere saber exactamente cuántos kilómetros él recorre en una semana. ¿Qué debe decirle Marcel a cada maestro? Muestra tu trabajo.

4. El club de la poesía tuvo su primera venta de pasteles y ganaron $79.35. Los miembros del club están planeando hacer 4 ventas más de pasteles. Leslie dijo: "Si hacemos la misma cantidad en cada venta de pasteles, vamos a ganar $3,967.50." Peggy dijo: "¡De ninguna manera, Leslie! Ganaremos $396.75 después de cinco ventas de pasteles". Usa la estimación para ayudar a Peggy a explicar por qué el razonamiento de Leslie está incorrecto. Muestra tu razonamiento usando palabras, números o imágenes.

EUREKA MATH®

Nombre _____   Fecha _____

1. Usa la estimación para elegir el valor correcto para cada expresión.

    a. 5.1 × 2   0.102   1.02   10.2   102

    b. 4 × 8.93   3.572   35.72   357.2   3572

2. Estima la respuesta de 7.13 × 6. Explica tu razonamiento usando palabras, imágenes o números.

EUREKA
MATH®

Lección 12:   Multiplicar una fracción decimal con números enteros de un solo
dígito, incluyendo el uso de la estimación para confirmar la colocación
del punto decimal.
© 2019 Great Minds®. eureka-math.org

85

Luis compra 4 chocolates. Cada chocolate cuesta $2.35. Luis multiplica 4 × 235 y obtiene 940. Coloca el decimal para mostrar el costo de los chocolates y explica tu razonamiento usando palabras, números e imágenes.

_____

_____

_____

_____

Lee   Dibuja   Escribe

Nombre _____   Fecha _____

1. Completa los enunciados con el número correcto de unidades y luego completa la ecuación.

    a. 4 grupos de _____ décimas es 1.6. $1.6 \div 4 =$ _____

    b. 8 grupos de _____ centésimas es 0.32. $0.32 \div 8 =$ _____

    c. 7 grupos de _____ milésimas es 0.084. $0.084 \div 7 =$ _____

    d. 5 grupos de _____ décimas es 2.0. $2.0 \div 5 =$ _____

2. Completa el enunciado numérico. Expresa el cociente en unidades y luego en forma estándar.

    a. $4.2 \div 7 =$ _____ décimas $\div\ 7 =$ _____ décimas $=$ _____

    b. $2.64 \div 2 =$ _____ unidades $\div\ 2 +$ _____ centésimas $\div\ 2$

        $=$ _____ unidades $+$ _____ centésimas

        $=$ _____

    c. $12.64 \div 2 =$ _____ unidades $\div\ 2 +$_____ centésimas $\div\ 2$

        $=$ _____ unidades $+$ _____ centésimas

        $=$ _____

    d. $4.26 \div 6 =$ _____ décimas $\div\ 6 +$ _____ centésimas $\div\ 6$

        $=$ _____

        $=$ _____

Lección 13:   Dividir decimales entre números lecteros de un dígito que involucran   89
                 múltiplos fácilmente identificables usando la comprensión del valor
                 posicional y relacionar con un método escrito.

e. $4.236 \div 6 =$ _____

   = _____

   = _____

3.   Encuentra los cocientes. Luego, usa palabras, números o imágenes para describir cualquier relación que notes entre cada par de problemas y cocientes.

   a. $32 \div 8 =$ _____ $3.2 \div 8 =$ _____

   b. $81 \div 9 =$ _____ $0.081 \div 9 =$ _____

4.   ¿Los cocientes debajo son razonables? Justifica tus respuestas.

   a. $5.6 \div 7 = 8$

   b. $56 \div 7 = 0.8$

   c. $0.56 \div 7 = 0.08$

Lección 13:   Dividir decimales entre números enteros de un dígito que involucran múltiplos fácilmente identificables usando la comprensión del valor posicional y relacionar con un método escrito.

EUREKA
MATH®

5. 12.48 mililitros de medicina fueron separados en dosis de 4 ml cada una. ¿Cuántas dosis se hicieron?

6. El precio de la leche en 2013 era alrededor de $3.28 el galón. Esto era ocho veces más de lo que hubieras pagado por un galón de leche en los años 1950. ¿Cuál era el costo de un galón de leche durante los años 1950? Usa un diagrama de cinta y muestra tus cálculos.

EUREKA MATH®

Lección 13: Dividir decimales entre números enteros de un dígito que involucran múltiplos fácilmente identificables usando la comprensión del valor posicional y relacionar con un método escrito.

© 2019 Great Minds®. eureka-math.org

91

Nombre _____   Fecha _____

1. Completa los enunciados con el número correcto de unidades y luego completa la ecuación.

     a.   2 grupos de _____ décimas es 1.8. $1.8 \div 2 =$ _____

     b.   4 grupos de _____ centésimas es 0.32. $0.32 \div 4 =$ _____

     c.   7 grupos de _____ milésimas es 0.021. $0.021 \div 7 =$ _____

2. Completa el enunciado numérico. Expresa el cociente en unidades y luego en forma estándar.

     a. $4.5 \div 5 =$ _____ décimas $\div\ 5 =$ _____ décimas $=$ _____

     b. $6.12 \div 6 =$ _____ unidades $\div\ 6\ +$ _____ centésimas $\div\ 6$

            $=$ _____ unidades $+$ _____ centésimas

            $=$ _____

Una bolsa de papas fritas contiene 0.96 gramos de sodio. Si la bolsa se separa en 8 porciones iguales, ¿cuántos gramos de sodio tendrá cada porción?

Extensión: ¿en qué otra forma puede dividirse la bolsa en porciones iguales para que la cantidad de sodio en cada porción tenga dos dígitos a la derecha del decimal y los dígitos sean mayores a cero en la posición de las décimas y centésimas?

_____

_____

_____

_____

Lee   **Dibuja**   **Escribe**

Lección 14:   Dividir decimales con resto usando la comprensión del valor
posicional y relacionar con un método escrito.

© 2019 Great Minds®. eureka-math.org

Nombre _____   Fecha _____

1. Dibuja discos de valor posicional en la tabla de valor posicional para resolver. Muestra cada paso usando el algoritmo estándar.

a. 4.236 ÷ 3 = _____

Unidades	Décimas	Centésimas	Milésimas

$$3\overline{)4.\ 2\ 3\ 6}$$

b. 1.324 ÷ 2 = _____

Unidades	Décimas	Centésimas	Milésimas

$$2\overline{)1.\ 3\ 2\ 4}$$

Lección 14:   Dividir decimales con resto usando la comprensión del valor posicional y relacionar con un método escrito.

© 2019 Great Minds®. eureka-math.org

2. Resuelve usando el algoritmo estándar.

a. 0.78 ÷ 3 = _____	b. 7.28 ÷ 4 = _____	c. 17.45 ÷ 5 = _____

3. Grayson escribió 1.47 ÷ 7 = 2.1 en su cuaderno de matemáticas.

   Utiliza palabras, números o imágenes para explicar por qué el razonamiento de Grayson es incorrecto.

4. La Sra. Nguyen usó 1.48 metros de red para hacer 4 mini arcos idénticos de hockey. ¿Cuánta red usó por arco?

5. Esperanza compra generalmente aguacates por $0.94 la pieza. Durante una rebaja, ella compra 5 aguacates por $4.10. ¿Cuánto dinero ahorró por aguacate? Usa un diagrama de cinta y muestra tus cálculos.

Lección 14:   Dividir decimales con resto usando la comprensión del valor posicional y relacionar con un método escrito.

EUREKA MATH®

Nombre _____   Fecha _____

1. Dibuja discos de valor posicional en la tabla de valor posicional para resolver. Muestra cada paso usando el algoritmo estándar.

   5.372 ÷ 2 = _____

Unidades	Décimas	Centésimas	Milésimas

$$2\overline{)5.372}$$

2. Resuelve usando el algoritmo estándar.

   0.576 ÷ 4 = _____

EUREKA MATH®   Lección 14: Dividir decimales con resto usando la comprensión del valor posicional y relacionar con un método escrito.   99

© 2019 Great Minds®. eureka-math.org

José compró una bolsa de 6 naranjas por $2.82. También compró 5 piñas. Le dio al cajero $20
y recibió $1.43 de cambio. ¿Cuánto costó cada piña?

_____

_____

_____

_____

Lee   Dibuja   Escribe

Nombre _____   Fecha _____

1. Dibuja discos de valor posicional en la tabla de valor posicional para resolver. Muestra cada paso en el algoritmo estándar.

a. $0.5 \div 2 =$ _____

Unidades	•	Décimas	Centésimas	Milésimas

$$2\overline{)0.5}$$

b. $5.7 \div 4 =$ _____

Unidades	•	Décimas	Centésimas	Milésimas

$$4\overline{)5.7}$$

Lección 15:   Dividir decimales usando la comprensión del valor posicional
incluyendo el resto en la unidad más pequeña.

103

EUREKA
MATH®

2. Resuelve usando el algoritmo estándar.

a. $0.9 \div 2 =$	b. $9.1 \div 5 =$	c. $9 \div 6 =$
d. $0.98 \div 4 =$	e. $9.3 \div 6 =$	f. $91 \div 4 =$

3. Seis panaderos comparten 7.5 kilogramos de harina por igual. ¿Qué cantidad de harina recibió cada uno?

4. La Sra. Henderson está haciendo un ponche mezclando 10.9 litros de jugo de manzana, 0.6 litros de jugo de naranja y 8 litros de refresco de jengibre. Ella vierte la mezcla equitativamente en 6 tazones para ponche. ¿Cuánto ponche hay en cada tazón? Expresa tu respuesta en litros.

EUREKA MATH

Nombre _____   Fecha _____

1. Dibuja discos de valor posicional en la tabla de valor posicional para resolver. Muestra cada paso en el algoritmo estándar.

   0.9 ÷ 4 = _____

Unidades	●	Décimas	Centésimas	Milésimas

$$4\overline{)0.9}$$

2. Resuelve usando el algoritmo estándar.

   9.8 ÷ 5 =

   Lección 15:   Dividir decimales usando la comprensión del valor posicional incluyendo el resto en la unidad más pequeña.   105

© 2019 Great Minds®. eureka-math.org

Jesse y tres amigos compran refrigerios para hacer una caminata. Ellos compran una mezcla de frutos secos por $5.42, manzanas por $2.55 y barras de granola por $3.39. Si los cuatro amigos dividen los costos de los refrigerios equitativamente, ¿cuánto tendrá que pagar cada amigo?

_____

_____

_____

_____

Lee   Dibuja   Escribe

Nombre _____   Fecha _____

Resuelve.

1. El Sr. Frye distribuyó $126 en partes iguales entre sus 4 hijos para su mesada semanal.

    a. ¿Cuánto dinero recibió cada hijo?

    b. Juan, el hijo mayor, les pagó a sus hermanos para que hicieran sus deberes. Si Juan le paga
        equitativamente a su hermano y dos hermanas, ¿cuánto dinero habrá recibido en total cada uno de
        los hermanos?

2. Ava es 23 cm más alta que Olivia y Olivia mide la mitad que Lucas. Si Lucas mide 1.78 m ¿Cuánto miden
    Ava y Olivia? Expresa sus estaturas en centímetros.

3. El Sr. Hower puede comprar una computadora con un anticipo de $510 y 8 pagos mensuales de $35.75. Si paga en efectivo por la computadora, el costo es de $699.99. ¿Cuánto dinero ahorrará él si paga en efectivo por la computadora, en vez de hacer pagos mensuales?

4. Brandon mezcló 6.83 lb de nueces de la India con 3.57 lb de pistachos. Después de rellenar 6 bolsas del mismo tamaño con la mezcla, le sobraron 0.35 lb de nueces mixtas. ¿Cuál era el peso de cada bolsa? Usa un diagrama de cinta y muestra tus cálculos.

EUREKA MATH®

5. La panadería compró 4 bolsas de harina con 3.5 kg cada una. Se necesitan 0.475 kg de harina para hacer un lote de panqués y 0.65 kg para una barra de pan.

    a. Si se hornean 4 lotes de panqués y 5 barras de pan, ¿cuánta harina sobraría? Da tu respuesta en kilogramos.

    b. El resto de la harina se guarda en contenedores con capacidad para 3 kg cada uno. ¿Cuántos contenedores se necesitan para guardar la harina? Explica tu respuesta.

Nombre _____   Fecha _____

Escribe un problema escrito con dos preguntas que coincidan con el siguiente diagrama de cinta y después resuélvelo.

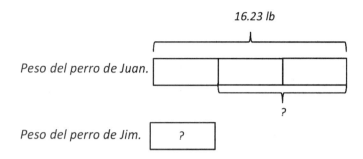

Peso del perro de Juan.

16.23 lb

?

Peso del perro de Jim.

?

5.° grado

Módulo 2

La superficie superior de un escritorio tiene una longitud de 5.6 pies. La longitud es 4 veces su ancho. ¿Cuál es el ancho del escritorio?

_____

_____

_____

_____

Lee   **Dibuja**   **Escribe**

Lección 1:   Multiplicar números enteros de varios dígitos y múltiplos de 10 usando patrones de valor posicional y la propiedad distributiva y asociativa.

117

Nombre _____   Fecha _____

1. Llena los espacios en blanco usando tu conocimiento de las unidades de valor posicional y datos básicos.

a. 23×20 Piensa: 23 unidades × 2 decenas = _____ decenas $23 \times 20 =$ _____	b. 230×20 Piensa: 23 decenas × 2 decenas = _____ $230 \times 20 =$ _____
c. 41×4 41 unidades × 4 unidades = 164 _____ $41 \times 4 =$ _____	d. 410×400 41 decenas × 4 centenas = 164 _____ $410 \times 400 =$ _____
e. $3,310 \times 300$ _____ decenas × _____ centenas = 993 _____ $3,310 \times 300 =$ _____	f. 500×600 _____ centenas × _____ centenas = 30 _____ $500 \times 600 =$ _____

2. Determina si estas ecuaciones son verdaderas o falsas. Defiende tu respuesta usando tu conocimiento del valor posicional y las propiedades conmutativa, asociativa y/o distributiva.

a.   6 decenas = 2 decenas × 3 decenas

b. $44 \times 20 \times 10 = 440 \times 2$

c.   86 unidades × 90 centenas = 86 unidades × 900 decenas

Lección 1:   Multiplicar números enteros de varios dígitos y múltiplos de 10 usando patrones de valor posicional y la propiedad distributiva y asociativa.

119

© 2019 Great Minds®. eureka-math.org

    d. $64 \times 8 \times 100 = 640 \times 8 \times 10$

    e. $57 \times 2 \times 10 \times 10 \times 10 = 570 \times 2 \times 10$

3. Encuentra los productos. Muestra tu razonamiento. La primera fila muestra algunas ideas para mostrar tu razonamiento.

  a. 7×9 7×90 70×90 70×900

     $= 63$ $= 63 \times 10$ $= (7 \times 10) \times (9 \times 10)$ $= (7 \times 9) \times (10 \times 100)$

                         $= 630$ $= (7 \times 9) \times 100$ $= 63{,}000$

                                           $= 6{,}300$

  b. 45×3 45×30 450×30 450×300

  c. 40×5 40×50 40×500 $400 \times 5{,}000$

  d. 718×2 $7{,}180 \times 20$ $7{,}180 \times 200$ $71{,}800 \times 2{,}000$

Lección 1:   Multiplicar números enteros de varios dígitos y múltiplos de 10 usando patrones de valor posicional y la propiedad distributiva y asociativa.

© 2019 Great Minds®. eureka-math.org

EUREKA
MATH

4. Ripley le dijo a su mamá que la multiplicación de números naturales por múltiplos de 10 fue fácil porque solo cuentas los ceros en los factores y los colocas en el producto. Usó estos dos ejemplos para explicar su estrategia.

$$7{,}000 \times 600 = 4{,}200{,}000 \qquad 800 \times 700 = 560{,}000$$
(3 ceros) (2 ceros) (5 ceros)   (2 ceros) (2 ceros) (4 ceros)

La mamá de Ripley le dijo que su estrategia no siempre funcionaría. ¿Por qué no? Proporciona un ejemplo.

5. El lado canadiense de las Cataratas del Niágara tiene un caudal de 600,000 litros por segundo. ¿Cuántos galones de agua fluyen por las cataratas en 1 minuto?

6. Las entradas para un partido de béisbol cuestan $20 para adultos y $15 para estudiantes. Una escuela compra entradas para 45 adultos 600 estudiantes. ¿Cunánto dinero gastará la escuela en las entradas?

EUREKA MATH®

Lección 1: Multiplicar números enteros de varios dígitos y múltiplos de 10 usando patrones de valor posicional y la propiedad distributiva y asociativa.

121

© 2019 Great Minds®. eureka-math.org

Nombre _____   Fecha _____

1. Encuentra los productos.

   a. $1{,}900 \times 20$ b. $6{,}000 \times 50$ c. 250×300

2. Explica cómo el saber que $50 \times 4 = 200$ te ayuda a encontrar 500×400.

Lección 1:   Multiplicar números enteros de varios dígitos y múltiplos de 10 usando patrones de valor posicional y la propiedad distributiva y asociativa.

© 2019 Great Minds®. eureka-math.org

123

$\frac{1}{1,000}$ Milésimas					
$\frac{1}{100}$ Centésimas					
$\frac{1}{10}$ Décimas					
• •	•	•	•	•	•
1 Unidades					
10 Decenas					
100 Centenas					
1,000 Millares					
10,000 Decenas de millar					
100,000 Centenas de millar					
1,000,000 Millones					

Tabla de valor posicional de millones hasta milésimas

Lección 1:   Multiplicar números enteros de varios dígitos y múltiplos de 10 usando
patrones de valor posicional y la propiedad distributiva y asociativa.

125

© 2019 Great Minds®. eureka-math.org

Jonas practica la guitarra 1 hora al día durante 2 años. Bradley practica la guitarra 2 horas al día más que Jonas. ¿Cuántos minutos más practica Bradley que Jonas durante el transcurso de 2 años?

_____

_____

_____

_____

Lee   Dibuja   Escribe

Lección 2:   Estimar productos de varios dígitos redondeando los factores a una
                operación básica y usando patrones de valor posicional.

© 2019 Great Minds®. eureka-math.org

127

Nombre _____ Fecha _____

1. Redondea los factores para estimar los productos.

   a. $597 \times 52 \approx$ _____ $\times$ _____ $=$ _____

   Un estimado lógico para 597×52 es _____.

   b. $1,103 \times 59 \approx$ _____ $\times$ _____ $=$ _____

   Un estimado lógico para $1,103 \times 59$ es _____.

   c. $5,840 \times 25 \approx$ _____ $\times$ _____ $=$ _____

   Un estimado lógico para $5,840 \times 25$ es _____.

2. Completa la tabla usando tus conocimientos sobre valor posicional y sobre redondear para estimar el producto.

Expresiones	Factores redondeados	Estimado
a. $2,809 \times 42$	$3,000 \times 40$	$120,000$
b. $28,090 \times 420$		
c. $8,932 \times 59$		
d. 89 decenas $\times$ 63 decenas		
e. 398 centenas $\times$ 52 decenas		

Lección 2: Estimar productos de varios dígitos redondeando los factores a una operación básica y usando patrones de valor posicional.

129

EUREKA MATH®

© 2019 Great Minds®. eureka-math.org

3. ¿Para cuáles de las siguientes expresiones sería 200,000 un estimado lógico? Explica cómo lo sabes.

$2,146 \times 12$ $21,467 \times 121$ $2,146 \times 121$ $21,477 \times 1,217$

4. Rellena los factores que faltan para encontrar el producto estimado que se presenta.

a. $571 \times 43 \approx$ _____ $\times$ _____ = 24,000

b. $726 \times 674 \approx$ _____ $\times$ _____ = 490,000

c. $8,379 \times 541 \approx$ _____ $\times$ _____ = 4,000,000

5. Hay 19,763 boletos disponibles para un juego en casa de los Knicks de Nueva York. Si hay 41 juegos en una temporada, ¿más o menos cuántos boletos hay disponibles para todos los juegos en casa de los Knicks?

6. Michael ahorra $423 cada mes para la universidad.

a. ¿Alrededor de cuánto dinero habrá ahorrado después de 4 años?

b. ¿Tu estimado será menor o mayor que la verdadera cantidad que ahorrará Michael? ¿Cómo lo sabes?

EUREKA MATH

Nombre _____   Fecha _____

Redondea los factores para estimar los productos.

a. $656 \times 106 \approx$

b. $3{,}108 \times 7{,}942 \approx$

c. $425 \times 9{,}311 \approx$

d. $8{,}633 \times 57{,}008 \approx$

Lección 2:   Estimar productos de varios dígitos redondeando los factores a una
operación básica y usando patrones de valor posicional.

131

© 2019 Great Minds®. eureka-math.org

Robin tiene 11 años. Su madre, Gwen, tiene 2 años más que la edad de Robin multiplicada por 3. ¿Qué edad tiene Gwen?

_____

_____

_____

_____

Lee   Dibuja   Escribe

Nombre _____ Fecha _____

1. Dibuja un modelo. Luego escribe las expresiones numéricas.

a. La suma de 8 y 7, duplicada	b. 4 por la suma de 14 y 26
c. 3 por la diferencia entre 37.5 y 24.5	d. La suma de 3 dieciséis y 2 nueves
e. La diferencia entre 4 veinticinco y 3 veinticinco.	f. Triple de la suma de 33 y 27

Lección 3: Escribir e interpretar expresiones numéricas y comparar las expresiones usando un modelo visual.

135

2. Escribe las expresiones numéricas en palabras. Después resuélvelas.

Expresión	Palabras	El valor de la expresión
a. $12 \times (5 + 25)$		
b. $(62 - 12) \times 11$		
c. $(45 + 55) \times 23$		
d. $(30 \times 2) + (8 \times 2)$		

3. Compara ambas expresiones usando >, <, o =. En el espacio debajo de cada par de expresiones, explica cómo puedes comparar sin calcular. Dibuja un ejemplo, si te ayuda.

a. $24 \times (20 + 5)$	◯	$(20 + 5) \times 12$
b. 18×27	◯	20 veintisietes menos 1 veintisiete
c. 19×9	◯	3 diecinueves, triplicado

Lección 3: Escribir e interpretar expresiones numéricas y comparar las expresiones usando un modelo visual.

© 2019 Great Minds®. eureka-math.org

EUREKA MATH

4. El Sr. Huynh escribió *la suma de 7 quince y 38 quince* en el pizarrón.
   Dibuja un ejemplo y escribe la expresión correcta.

5. Dos estudiantes escribieron las siguientes expresiones numéricas.

   Angelina: $(7 + 15) \times (38 + 15)$
   MeiLing: $15 \times (7 + 38)$

   ¿Las expresiones de los estudiantes son equivalentes a tu respuesta para el Problema 4? Explica tu respuesta.

6. Una caja contiene 24 naranjas. El Sr. Lee ordenó 8 cajas para su tienda y 12 cajas para su restaurante.

   a. Escribe una expresión para mostrar cómo encontrar la cantidad total de naranjas que se ordenaron.

   b. La semana siguiente, el Sr. Lee duplicará la cantidad de cajas que ordenará. Escribe una expresión nueva para representar la cantidad de naranjas en la orden de la semana siguiente.

   c. Evalúa tu expresión de la Parte (b) para encontrar la cantidad total de naranjas que se ordenaron en ambas semanas.

EUREKA MATH®

Lección 3:   Escribir e interpretar expresiones numéricas y comparar las
             expresiones usando un modelo visual.

137

© 2019 Great Minds®. eureka-math.org

Nombre _____ Fecha _____

1. Dibuja un modelo. Luego escribe las expresiones numéricas.

a. La diferencia entre 8 cuarenta y sietes y 7 cuarenta y sietes	b. 6 por la suma de 12 y 8

2. Compara ambas expresiones usando >, <, o =.

62 × (70 + 8)	◯	(70 + 8) × 26

Lección 3:   Escribir e interpretar expresiones numéricas y comparar las expresiones usando un modelo visual.

139

© 2019 Great Minds®. eureka-math.org

Jaxon ganó $39 barriendo hojas. Su hermano, Dayawn, ganó 7 veces más como camarero. Escribe una expresión numérica para mostrar las ganancias de Dayawn. ¿Cuánto dinero ganó Dayawn?

_____

_____

_____

_____

Lee   Dibuja   Escribe

Lección 4:   Convertir expresiones numéricas en la forma de unidad como una estrategia
mental para la multiplicación de varios dígitos.

© 2019 Great Minds®. eureka-math.org

141

Nombre _____   Fecha _____

1. Encierra cada expresión que no es equivalente a la expresión en **negrita**.

    a. **16 × 29**

    29 dieciseises   16 × (30 − 1)   (15 − 1) × 29   (10 × 29) − (6 × 29)

    b. **38 × 45**

    (38 × 40) × (38 + 5)   (38 × 40) + (38 × 5)   45 × (40 + 2)   45 treinta y ochos

    c. **74 × 59**

    74 × (50 + 9)   74 × (60 − 1)   (74 × 5) + (74 × 9)   59 setenta y cuatros

2. Resuelve usando el cálculo mental. Dibuja un diagrama de cinta y llena los espacios en bianco para mostrar tu razonamiento. El primero esta parcialmente resuelto.

a. 19 × 25 = _____ veinticincos	b. 24 × 11 = _____ veinticuatros
Piensa: 20 veinticincos − 1 veinticinco.	Piensa: _____ veinticuatros + _____ veinticuatro
= (_____ × 25) − (_____ × 25)	= (_____ × 24) + (_____ × 24)
= _____ − _____	= _____ + _____
= _____	= _____

Lección 4:   Convertir expresiones numéricas en la forma de unidad como una estrategia   143
mental para la multiplicación de varios dígitos.

EUREKA MATH®

© 2019 Great Minds®. eureka-math.org

c.   79 × 14 = _____ catorces

Piensa: _____ catorces − 1 catorce

   = (_____ × 14) − (_____ × 14)

   = _____ − _____

   = _____

d.   21 × 75 = _____ setenta y cincos

Piensa: _____ setenta y cincos + _____ setenta y cinco

   = (_____ × 75) + (_____ × 75)

   = _____ + _____

   = _____

3. Define la unidad en forma escrita y completa la secuencia de problemas como se hizo en la lección.

a.   19 × 15 = 19 _____

Piensa: 20 _____ − 1 _____

   = (20 × _____) − (1 × _____)

   = _____ − _____

   = _____

b.   14 × 15 = 14 _____

Piensa: 10 _____ + 4 _____

   = (10 × _____) + (4 × _____)

   = _____ + _____

   = _____

Lección 4: Convertir expresiones numéricas en la forma de unidad como una estrategia mental para la multiplicación de varios dígitos.

© 2019 Great Minds®. eureka-math.org

EUREKA MATH

c.   25 × 12 = 12 _____

d.   18 × 17 = 18 _____

Piensa: 10 _____ + 2 _____

= (10 × _____) + (2 × _____)

= _____ + _____

= _____

Piensa: 20 _____ − 2 _____

= (20 × _____) − (2 × _____)

= _____ − _____

= _____

4.   ¿Cómo 14 × 50 puede ayudarte a encontrar 14 × 49?

5.   Resuelve mentalmente.

a.   101 × 15 = _____

b.   18 × 99 = _____

6.   Saleem dice que 45 × 32 es lo mismo que (45 × 3) + (45 × 2). Explica el error de Saleem usando palabras, números y/o imágenes.

7.   Juan entrega 174 periódicos todos los días. Eduardo entrega 126 periódicos más que Juan todos los días.

a.   Escribe una expresión para mostrar cuántos periódicos entregará Eduardo en 29 días.

b.   Usa el cálculo mental para resolver. Muestra tu razonamiento.

Lección 4:   Convertir expresiones numéricas en la forma de unidad como una estrategia
mental para la multiplicación de varios dígitos.   145

© 2019 Great Minds®. eureka-math.org

Nombre _____   Fecha _____

Resuelve usando el cálculo mental. Dibuja un diagrama de cinta y llena los espacios en blanco para mostrar tu razonamiento.

a. $49 \times 11 =$ _____ onces	b. $25 \times 13 =$ _____ veinticincos
Piensa: 50 onces – 1 onces	Piensa: _____ veinticincos + 4 _____ veinticincos
$= ($_____$\times 11) - ($_____$\times 11)$	$= ($_____$\times 25) + ($_____$\times 25)$
$=$ _____ $-$ _____	$=$ _____ $+$ _____
$=$ _____	$=$ _____

Lección 4:   Convertir expresiones numéricas en la forma de unidad como una estrategia   147
mental para la multiplicación de varios dígitos.

© 2019 Great Minds®. eureka-math.org

EUREKA
MATH

Aneisha está arreglando un espacio de juego para su nuevo cachorro. Va a construir una cerca rectangular alrededor de una parte de su patio que mide 29 pies por 12 pies. ¿Cuántos pies cuadrados de espacio de juego tendrá su nuevo cachorro? Si tienes tiempo, resuelve en más de una forma.

_____

_____

_____

_____

Lee   Dibuja   Escribe

Lección 5:   Conectar modelos visuales y la propiedad distributiva para los productos parciales del algoritmo estándar sin renombrar.

149

Nombre _____   Fecha _____

1. Dibuja un modelo de área y luego resuelve usando el algoritmo estándar. Usa flechas para relacionar los productos parciales del modelo de área con los productos parciales del algoritmo.

a. $34 \times 21 =$ _____

$$
\begin{array}{r}
34 \\
\times\ 21 \\
\hline
\end{array}
$$

b. $434 \times 21 =$ _____

$$
\begin{array}{r}
434 \\
\times\ 21 \\
\hline
\end{array}
$$

2. Resuelve usando el algoritmo estándar.

a. $431 \times 12 =$ _____   b. $123 \times 23 =$ _____   c. $312 \times 32 =$ _____

EUREKA MATH®   Lección 5:   Conectar modelos visuales y la propiedad distributiva para los   151
                                   productos parciales del algoritmo estándar sin renombrar.

© 2019 Great Minds®. eureka-math.org

3. Betty ahorra $161 cada mes. Ella ahorra $141 menos cada mes que Jack. ¿Cuánto ahorrará Jack en 2 años?

4. El granjero Brown da 12.1 kilogramos de alfalfa a cada uno de sus 2 caballos diariamente. ¿Cuántos kilogramos de alfalfa habrán comido todos sus caballos después de 21 días? Dibuja un modelo de área para resolver.

Lección 5: Conectar modelos visuales y la propiedad distributiva para los productos parciales del algoritmo estándar sin renombrar.

EUREKA MATH®

Nombre _____   Fecha _____

Dibuja un modelo de área, y luego resuelve usando el algoritmo estándar.

a.   21 × 23 = _____

$$\begin{array}{r} 21 \\ \times\ 23 \\ \hline \end{array}$$

b.   143 × 12= _____

$$\begin{array}{r} 143 \\ \times\ \ 12 \\ \hline \end{array}$$

Lección 5:   Conectar modelos visuales y la propiedad distributiva para los
                  productos parciales del algoritmo estándar sin renombrar.

153

© 2019 Great Minds®. eureka-math.org

Los científicos están creando un material que pueda reemplazar el cartílago dañado en articulaciones humanas. Este hidrogel se puede estirar 21 veces su longitud original. Si una tira de hidrogel mide 3.2 cm, ¿cuál podría ser su longitud cuando se estira hasta su máxima capacidad?

_____

_____

_____

_____

Lee   Dibuja   Escribe

Lección 6:   Relacionar modelos de área y la propiedad distributiva para productos parciales del algoritmo estándar con renombrar.

155

EUREKA MATH

© 2019 Great Minds®. eureka-math.org

Nombre _____ Fecha _____

1. Dibuja un modelo de área. Después resuelve usando el algoritmo estándar. Usa las flechas para que los productos parciales de tu modelo de área coincidan con los productos parciales en el algoritmo.

   a. 48×35

$$
\begin{array}{r}
4\,8 \\
\times\;\;3\,5 \\
\hline
\end{array}
$$

   b. 648×35

$$
\begin{array}{r}
6\,4\,8 \\
\times\;\;\;3\,5 \\
\hline
\end{array}
$$

EUREKA MATH®

Lección 6: Relacionar modelos de área y la propiedad distributiva para productos parciales del algoritmo estándar con renombrar.

157

© 2019 Great Minds®. eureka-math.org

2. Resuelve usando el algoritmo estándar.

   a. 758×92

   b. 958×94

   c. 476×65

   d. 547×64

3. La alfombra cuesta $16 por pie cuadrado. Un piso rectangular tiene 16 pies de largo por 14 pies de ancho. ¿Cuánto costaría poner alfombra en el piso?

Lección 6: Relacionar modelos de área y la propiedad distributiva para productos parciales del algoritmo estándar con renombrar.

© 2019 Great Minds®. eureka-math.org

4. La entrada general al Museo Americano de Historia Natural es de $19.

    a. Si un grupo de 125 estudiantes visitan el museo, ¿cuánto costarán las entradas del grupo?

    b. Si el grupo también compra entradas a la pantalla IMAX con $4 más por estudiante, ¿cuál es el nuevo costo total de todas las entradas? Escribe una expresión que muestre cómo calculaste el nuevo precio.

Lección 6:   Relacionar modelos de área y la propiedad distributiva para productos
parciales del algoritmo estándar con renombrar.

159

© 2019 Great Minds®. eureka-math.org

Nombre _____   Fecha _____

Dibuja un modelo de área. Después, resuelve usando el algoritmo estándar. Usa las flechas para que los productos parciales de tu modelo de área coincidan con los productos parciales en el algoritmo.

   a. 78 × 42

$$\begin{array}{r} 78 \\ \times\ 42 \\ \hline \end{array}$$

   b. 783 × 42

$$\begin{array}{r} 783 \\ \times\ 42 \\ \hline \end{array}$$

Lección 6:   Relacionar modelos de área y la propiedad distributiva para productos   **161**
               parciales del algoritmo estándar con renombrar.

© 2019 Great Minds®. eureka-math.org

La longitud de un autobús escolar es de 12.6 metros. Si 9 autobuses escolares están estacionados uno detrás del otro con 2 metros de separación entre sí, ¿cuál es la longitud total desde la parte delantera del primer autobús hasta el final del último autobús?

_____

_____

_____

_____

Lee   Dibuja   Escribe

© 2019 Great Minds®. eureka-math.org

Nombre _____   Fecha _____

1. Dibuja un modelo de área. Después resuelve usando el algoritmo estándar. Usa flechas para relacionar los productos parciales del modelo de área con los productos parciales en el algoritmo.

   a. 481×352

$$\begin{array}{r} 481 \\ \times\ 352 \\ \hline \end{array}$$

   b. 481×302

$$\begin{array}{r} 481 \\ \times\ 302 \\ \hline \end{array}$$

   c.   ¿Por qué hay tres productos parciales en 1(a) y sólo dos productos parciales en 1(b)?

EUREKA MATH   Lección 7:   Relacionar modelos de área y la propiedad distributiva para productos parciales del algoritmo estándar con renombrar.   165

© 2019 Great Minds®. eureka-math.org

2. Resuelve dibujando un modelo de área y usando el algoritmo estándar.

    a.   8,401 × 305

$$\begin{array}{r} 8{,}401 \\ \times\ \ \ 305 \\ \hline \end{array}$$

    b.   7,481 × 350

$$\begin{array}{r} 7{,}481 \\ \times\ \ \ 350 \\ \hline \end{array}$$

3. Resuelve usando el algoritmo estándar.

    a.   346 × 27   b.   1,346 × 297

Lección 7:   Relacionar modelos de área y la propiedad distributiva para productos
parciales del algoritmo estándar con renombrar.

© 2019 Great Minds®. eureka-math.org

EUREKA
MATH®

c. 346 × 207

d. 1,346 × 207

4. Un distrito escolar compró 615 nuevas computadoras portátiles para sus laboratorios móviles. Cada computadora cuesta $409. ¿Cuál es el costo total para todas las computadoras portátiles?

5. Un a editorial imprime 1,512 copias de un libro en cada emisión. Si imprimen 305 emisiones, ¿cuántos libros se imprimirán?

6. En el censo de 2010 había 3,669 personas viviendo en Marlboro, Nueva York. Brooklyn, Nueva York tiene 681 veces más personas. ¿Cuántas personas más viven en Brooklyn que en Marlboro?

Lección 7: Relacionar modelos de área y la propiedad distributiva para productos parciales del algoritmo estándar con renombrar.

167

© 2019 Great Minds®. eureka-math.org

Nombre _____ Fecha _____

Dibuja un modelo de área. Después, resuelve usando el algoritmo estándar.

a. 642 × 257

$$\begin{array}{r} 642 \\ \times\ 257 \\ \hline \end{array}$$

b. 642 × 207

$$\begin{array}{r} 642 \\ \times\ 207 \\ \hline \end{array}$$

Lección 7: Relacionar modelos de área y la propiedad distributiva para productos parciales del algoritmo estándar con renombrar.

169

© 2019 Great Minds®. eureka-math.org

Erin y Frannie entraron a un concurso de diseño de tapetes. Las reglas indican que las dimensiones del tapete deben ser 32 pulgadas x 45 pulgadas y que deben ser rectangulares. Dibujaron lo siguiente para sus entradas. Muestra al menos otros tres diseños que podrían haber presentado para el concurso. Calcula el área de cada sección y el área total de los tapetes.

Erin

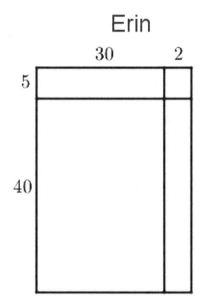

Frannie

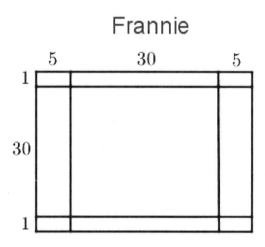

_____

_____

_____

_____

Lee   **Dibuja**   **Escribe**

Lección 8: Multiplicar con fluidez números enteros de varios dígitos utilizando el algoritmo estándar y usar la estimación para revisar si el producto es lógico.

© 2019 Great Minds®. eureka-math.org

171

EUREKA MATH®

Nombre _____   Fecha _____

1. Estima el producto primero. Resuelve usando el algoritmo estándar. Usa tu estimación para revisar con lógica el producto.

a. 213 × 328 ≈ 200 × 300 = 60,000 213 × 328 ———	b. 662 × 372	c. 739 × 442
d. 807 × 491	e. 3,502 × 656	f. 4,390 × 741
g. 530 × 2,075	h. 4,004 × 603	i. 987 × 3,105

Lección 8:   Multiplicar con fluidez números enteros de varios dígitos utilizando el algoritmo estándar y usar la estimación para revisar si el producto es lógico.

© 2019 Great Minds®. eureka-math.org

173

2. Cada contenedor puede contener 1 l 275 ml de agua. ¿Cuánta agua hay en 609 contenedores idénticos? Encuentra la diferencia entre tu producto estimado y el producto preciso.

3. Un club tenía algo de dinero para comprar sillas nuevas. Después de comprar 355 sillas a $199 cada una, aún quedaban $1,068. ¿Cuánto dinero tenía el club al principio?

Lección 8:   Multiplicar con fluidez números enteros de varios dígitos utilizando el
                        algoritmo estándar y usar la estimación para revisar si el producto es
                        lógico.
                        © 2019 Great Minds®. eureka-math.org

4. Hasta ahora, Carmella ha recolectado 14 cajas de tarjetas de béisbol. Hay 315 tarjetas en cada caja. Cannella estima que tiene aproximadamente 3,000 tarjetas, así que puede comprar 6 álbumes a los que les cabe 500 tarjetas cada uno.

a. ¿Tendrán los álbumes suficiente espacio para todas sus tarjetas? ¿Por qué sí o por qué no?

b. ¿Cuántas tarjetas tiene Carmella?

c. ¿Cuántos álbumes necesita para todas sus tarjetas de béisbol?

Lección 8:   Multiplicar con fluidez números enteros de varios dígitos utilizando el algoritmo estándar y usar la estimación para revisar si el producto es lógico.

© 2019 Great Minds®. eureka-math.org

175

Nombre _____   Fecha _____

Estima el producto primero. Resuelve usando el algoritmo estándar. Usa tu estimación para revisar con lógica el producto.

a. 283×416

$$\approx \underline{\hspace{3cm}} \times \underline{\hspace{3cm}}$$

$$= \underline{\hspace{3cm}}$$

$$
\begin{array}{r}
283 \\
\times \ 416 \\
\hline
\end{array}
$$

b. $2{,}803 \times 406$

$$\approx \underline{\hspace{3cm}} \times \underline{\hspace{3cm}}$$

$$= \underline{\hspace{3cm}}$$

$$
\begin{array}{r}
2{,}803 \\
\times \ \ 406 \\
\hline
\end{array}
$$

EUREKA MATH   **Lección 8:**   Multiplicar con fluidez números enteros de varios dígitos utilizando el algoritmo estándar y usar la estimación para revisar si el producto es lógico.   177

© 2019 Great Minds®. eureka-math.org

Nombre _____ Fecha _____

Resuelvan.

1. Un espacio para oficinas en la ciudad de Nueva York mide 48 pies por 56 pies. Si se vende a $565 el pie cuadrado, ¿cuál es el costo total del espacio para oficinas?

2. Gemma y Leah ambas fabrican joyería. Gemma hizo 106 collares con cuentas. Leah hizo 39 collares más que Gemma.

    a. Cada collar que hacen tiene exactamente 104 cuentas. ¿Cuántas cuentas usaron ambas en total para hacer sus collares?

    b. En una feria de artesanías reciente, Gemma vendió cada uno de sus collares en $14. Leah vendió cada uno de sus collares por $10 más. ¿Quién hizo más dinero en la feria de artesanías? ¿Cuánto más?

Lección 9: Multiplicar con fluidez números enteros de varios dígitos utilizando el algoritmo estándar para resolver problemas escritos de varios pasos.

179

© 2019 Great Minds®. eureka-math.org

3. Peng comprò 26 caminadoras para su nuevo gimnasio en $1,334 cada una. Luego, comprò 19 bicicletas estacionarias en $749 cada una. ¿Cuánto gastó en su nuevo equipo? Escribe una expresión y luego resuelve.

4. Un granjero del Valle de Hudson tiene 26 empleados. Paga a cada empleado $410 la semana. Después de pagar a sus trabajadores una semana, al granjero le quedan $162 en su cuenta bancaria. ¿Cuánto dinero tenía al principio?

5. Francisco está cosiendo un borde alrededor de 2 manteles rectangulares que miden 9 pies de largo por 6 pies de ancho. Si le toma 3 minutos el coser 1 pulgada de borde, ¿cuántos minutos le tomará completar su proyecto? Escribe una expresión y luego resuelve.

Lección 9:   Multiplicar con fluidez números enteros de varios dígitos utilizando el algoritmo estándar para resolver problemas escritos de varios pasos.

© 2019 Great Minds®. eureka-math.org

EUREKA MATH®

6. Cada grado en las Escuelas de Hooperville tiene 298 estudiantes.

   a. Si hay 13 grados, ¿cuántos estudiantes asisten a las Escuelas de Hooperville?

   b. Un distrito cercano, Willington, es mucho más grande. Tienen 12 veces más estudiantes. ¿Cuántos estudiantes asisten a las escuelas en Willington?

 EUREKA MATH·

Lección 9: Multiplicar con fluidez números enteros de varios dígitos utilizando el algoritmo estándar para resolver problemas escritos de varios pasos.

181

Nombre _____ Fecha _____

Resuelvan.

Juwad recogió 30 bolsas de manzanas el lunes y después las vendió en su frutería a $3.45 cada una.
La siguiente semana recogió y vendió 26 bolsas.

    a. ¿Cuánto dinero ganó Juwad en la primera semana?

    b. ¿Cuánto dinero ganó en la segunda semana?

    c. ¿Cuánto ganó Juwad vendiendo bolsas de manzanas esas dos semanas?

    d. **Extensión:** Cada bolsa que recogió Juwad contiene 15 manzanas. ¿Cuántas manzanas recogió en las dos semanas? Escribe una expresión para representar este problema.

EUREKA MATH®

Lección 9:   Multiplicar con fluidez números enteros de varios dígitos utilizando el algoritmo estándar para resolver problemas escritos de varios pasos.

183

© 2019 Great Minds®. eureka-math.org

El club de artesanos de 5.° está haciendo mandiles para vender. Cada mandil necesita 1.25 yardas de tela a $3 cada yarda y 4.5 yardas de ribete a $2 cada yarda. ¿Cuánto le cuesta al club producir cada mandil? Si el club quiere sacar una ganancia de $1.75 por cada mandil, ¿cuánto deben cobrar por cada mandil?

Lee   **Dibuja**   **Escribe**

Lección 10:   Multiplicar fracciones decimales con décimas por números enteros con varios dígitos usando la comprensión del valor posicional para registrar productos parciales.

© 2019 Great Minds®. eureka-math.org

185

Nombre _____   Fecha _____

1. Estima los productos. Resuelve usando el modelo de área y el algoritmo estándar. Recuerda escribir tu producto en forma estándar.

    a. $22 \times 2.4 \approx$ _____ $\times$ _____ $=$ _____

                                          24 (décimas)

                                          $\times 22$
                                          $\underline{\qquad}$

    b. 3.1×33 _____ $\times$ _____ $=$ _____

                                          31 (décimas)

                                          $\times 33$
                                          $\underline{\qquad}$

2. Estima. Después resuelve con el algoritmo estándar. Escribe tu producto en forma estándar.

    a. $3.2 \times 47 \approx$ _____ $\times$ _____ $=$ _____   b. $3.2 \times 94 \approx$ _____ $\times$ _____ $=$ _____

            32 (décimas) 32 (décimas)

            $\times 47$ $\times 94$
            $\underline{\qquad}$ $\underline{\qquad}$

EUREKA MATH®   Lección 10:   Multiplicar fracciones decimales con décimas por números enteros con varios dígitos usando la comprensión del valor posicional para registrar productos parciales.   187

© 2019 Great Minds®. eureka-math.org

c. $6.3 \times 44 \approx$ _____ × _____ = _____

d. $14.6 \times 17 \approx$ _____ × _____ = _____

e. $8.2 \times 34 \approx$ _____ × _____ = _____

f. $160.4 \times 17 \approx$ _____ × _____ = _____

3. Michelle multiplicó 3.4×52. Erróneamente escribió 1,768 como su producto. Usa palabras, números y/o dibujos para explicar el error de Michelle.

4. Se ha doblado un cable para formar un cuadrado con un perímetro de 16.4 cm. ¿Cuánto cable necesitaríamos para hacer 25 cuadrados de estos? Expresa tu respuesta en metros.

EUREKA MATH

Nombre _____   Fecha _____

1. Estima los productos. Resuelve usando el modelo de área y el algoritmo estándar. Recuerda escribir tu producto en forma estándar.

   a. $33.2 \times 21 \approx$ _____ $\times$ _____ = _____

   b. $1.7 \times 55 \approx$ _____ $\times$ _____ = _____

2. Si el producto de 485×35 es $16,975$, ¿cuánto es el producto de 485×3.5? ¿Cómo lo sabes?

Lección 10:   Multiplicar fracciones decimales con décimas por números enteros con varios dígitos usando la comprensión del valor posicional para registrar productos parciales.

189

El Sr. Mohr quiere construir un patio rectangular usando losas de concreto que miden 12 pulgadas cuadradas. El patio medirá 13.5 pies por 43 pies. ¿Cuál es el área del patio? ¿Cuántas losas de concreto necesitará para completar el patio?

_____

_____

_____

_____

Lee   Dibuja   Escribe

Lección 11:   Multiplicar fracciones decimales por números naturales de varios dígitos
a través de la conversión a un problema de número natural y el
razonamiento acerca de la colocación del punto decimal.

© 2019 Great Minds®. eureka-math.org

191

Nombre _____   Fecha _____

1. Estima el producto. Resuelve usando el algoritmo estándar. Usa las burbujas de pensamiento para mostrar tu razonamiento. (Dibuja un modelo de área en una hoja aparte si eso te ayuda).

   a. $1.38 \times 32 \approx$ _____ × _____ = _____

   $1.38 \times 32 =$ _____

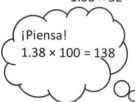

¡Piensa!
$1.38 \times 100 = 138$

$$\begin{array}{r} 1.38 \\ \times\, 32 \\ \hline \end{array}$$

¡Piensa! 4,416 es 100 veces demasiado grande! ¿Cuál es el producto real?

$4.416 \div 100 = 44.16$

   b. $3.55 \times 89 \approx$ _____ × _____ = _____ $3.55 \times 89 =$ _____

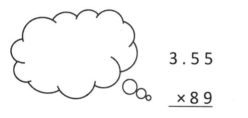

$$\begin{array}{r} 3.55 \\ \times\, 89 \\ \hline \end{array}$$

EUREKA MATH

Lección 11: Multiplicar fracciones decimales por números naturales de varios dígitos a través de la conversión a un problema de número natural y el razonamiento acerca de la colocación del punto decimal.

© 2019 Great Minds®. eureka-math.org

193

2. Resuelve usando el algoritmo estándar.

   a. 5.04 × 8

   b. 147.83 × 67

   c. 83.41 × 504

   d. 0.56 × 432

3. Usa el producto de número natural y el razonamiento de valor posicional para colocar el punto decimal en el segundo producto. Explica cómo lo sabes.

   a. Si 98 × 768 = 75,264   entonces   98 × 7.68 = _____

   b. Si 73 × 1,563 = 114,099 entonces   73 × 15.63 = _____

   c. Si 46 × 1,239 = 56,994   entonces   46 × 123.9 = _____

4. Jenny compra 22 bolígrafos que cuestan $1.15 cada uno y 15 marcadores que cuestan $2.05 cada uno. ¿Cuánto gastó Jenny?

5. Una sala de estar mide 24 pies por 15 pies. Un comedor adyacente cuadrado mide 13 pies de cada lado. Si la alfombra cuesta $6.98 por pie cuadrado, ¿cuál es el costo total de poner la alfombra en las dos habitaciones?

Nombre _____   Fecha _____

Usa la estimación y el razonamiento de valor posicional para encontrar la incógnita. Explica cómo lo sabes.

1.   Si 647 × 63 = 40,761   entonces   6.47 × 63 = _____

2.   Resuelve usando el algoritmo estándar.

a.   6.13 × 14

b.   104.35 × 34

Treinta y dos ciclistas hacen un viaje de siete días. Cada ciclista requiere 8.33 kilogramos de alimentos para todo el viaje. Si cada ciclista quiere comer la misma cantidad de alimento cada día, ¿cuántos kilogramos de alimentos llevará cargando el grupo al final del día 5?

_____

_____

_____

Lee   **Dibuja**   **Escribe**

EUREKA MATH®   **Lección 12:**   Razonar sobre el producto de un número entero y un decimal con centésimas utilizando la comprensión y la estimación del valor posicional.   199

© 2019 Great Minds®. eureka-math.org

Nombre _____ Fecha _____

1. Calcula. Después resuelve usando el algoritmo estándar. Puedes dibujar un modelo de área si te ayuda.

a. $1.21 \times 14 \approx$ _____ $\times$ _____ $=$ _____

$$
\begin{array}{r}
1.21 \\
\times \quad 14 \\
\hline
\end{array}
$$

b. $2.45 \times 305 \approx$ _____ $\times$ _____ $=$ _____

$$
\begin{array}{r}
2.45 \\
\times \quad 305 \\
\hline
\end{array}
$$

EUREKA MATH®

Lección 12:   Razonar sobre el producto de un número entero y un decimal con centésimas utilizando la comprensión y la estimación del valor posicional.

© 2019 Great Minds®. eureka-math.org

201

2. Calcula. Después resuelve usando el algoritmo estándar. Usa una hoja aparte para dibujar un modelo de área si eso te ayuda.

a. $1.23 \times 12 \approx$ _____ × _____ = _____

b. $1.3 \times 26 \approx$ _____ × _____ = _____

c. $0.23 \times 14 \approx$ _____ × _____ = _____

d. $0.45 \times 26 \approx$ _____ × _____ = _____

e. $7.06 \times 28 \approx$ _____ × _____ = _____

f. $6.32 \times 223 \approx$ _____ × _____ = _____

g. $7.06 \times 208 \approx$ _____ × _____ = _____

h. $151.46 \times 555 \approx$ _____ × _____ = _____

Lección 12: Razonar sobre el producto de un número entero y un decimal con centésimas utilizando la comprensión y la estimación del valor posicional.

EUREKA MATH

3. Denise camina en la playa todas las tardes. En el mes de julio caminó 3.45 millas a diario. ¿Qué tanto caminó Denis durante el mes de julio?

4. Un galón de gasolina cuesta $4.34. Greg le puso 12 galones de gasolina a su carro. Tiene un billete de 50 dólares. Indica cuánto dinero le quedará a Greg o cuánto dinero necesitará. Muestra todos tus cálculos.

5. Seth toma un vaso de jugo de naranja a diario que contiene 0.6 gramos de vitamina C. Come una porción de fresas como refrigerio a diario después de la escuela las cuales contienen 0.35 gramos de vitamina C. ¿Cuántos gramos de vitamina C consume Seth en 3 semanas?

Nombre _____   Fecha _____

Calcula. Después resuelve usando el algoritmo estándar.

a. $3.03 \times 402 =$ _____ $\times$ _____ $=$ _____

b. $667 \times 1.25 =$ _____ $\times$ _____ $=$ _____

Lección 12:   Razonar sobre el producto de un número entero y un decimal con
              centésimas utilizando la comprensión y la estimación del valor
              posicional.

© 2019 Great Minds®. eureka-math.org

205

a. Mide la cuerda y expresa la medida en metros, centímetros y milímetros. Ingresa los resultados en la tabla, en la fila A.

	m	cm	mm
A			
B			

b. Mide la cuerda de un compañero e ingresa los resultados en la tabla, en la fila B.

c. ¿Cómo afecta la unidad de medición a la longitud de la cuerda?

Lee   **Dibuja**   **Escribe**

Lección 13:   Usar la multiplicación de números enteros para expresar medidas equivalentes.

207

© 2019 Great Minds®. eureka-math.org

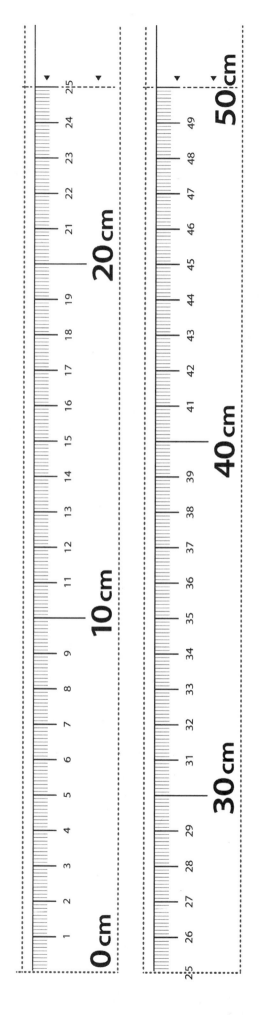

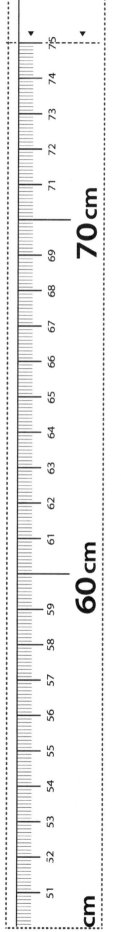

0cm

10cm

20cm

30cm

40cm

50cm

60cm

70cm

80cm

90cm

100cm

cinta métrica

LEYENDA ············· CUT - - - - - ALIGN EDGE

Lección 13: Usar la multiplicación de números enteros para expresar medidas equivalentes.

EUREKA
MATH®

Nombre _____   Fecha _____

1. Resuelve. El primero está hecho como ejemplo.

a. Convierte semanas a días. 8 semanas = 8 × (1 semana) = 8 × (7 días) = 56 días	b. Convierte años a días. 4 años = _____ × (_____ año) = _____ × (_____ días) = _____ días
c. Convierte metros a centímetros. 9.2 m = _____ × (_____ m) = _____ × (_____ cm) = _____ cm	d. Convierte yardas a pies. 5.7 yardas
e. Convierte kilogramos a gramos. 6.08 kg	f. Convierte libras a onzas. 12.5 libras

2. Después de resolver, escriba una afirmación para expresar cada conversión. El primero está hecho como ejemplo.

a. Convierte el número de horas en un día a minutos. 24 horas = 24 × (1 hora) = 24 × (60 minutos) = 1,440 minutos Un día tiene 24 horas, que es lo mismo que 1,440 minutos.	b. Una joven gorila hembra pesa 68 kilogramos. ¿Cuánto pesa en gramos?
c. La altura de un hombre es de 1.7 metros. ¿Cuál es su altura en centímetros?	d. La capacidad de una jeringa es de 0.08 litros. Convierte esto a mililitros.
e. Un coyote pesa 11.3 libras. Convierte el peso del coyote a onzas	f. Unlagartomide 2.3 yardas de largo. ¿Cuánto mide de largo el lagarto en pulgadas?

EUREKA MATH

© 2019 Great Minds®. eureka-math.org

Nombre _____   Fecha _____

Resuelve.

a. Convierte libras a onzas. (1 libra = 16 onzas) 14 libras = _____ × (1 libra) = _____ × (_____ onzas) = _____ onzas	b. Convierte kilogramos a gramos. 18.2 kilogramos = _____ × (_____) = _____ × (_____) = _____ gramos

EUREKA MATH

Lección 13:   Usar la multiplicación de números enteros para expresar medidas equivalentes.

213

© 2019 Great Minds®. eureka-math.org

Dibuja e identifica un diagrama de cinta para representar cada uno de los siguientes puntos:

1. Expresa 1 día como una fracción de 1 semana.

2. Expresa 1 pie como una fracción de 1 yarda.

3. Expresa 1 cuarto de galón como una fracción de 1 galón.

Lee   Dibuja   Escribe

Lección 14: Usar la multiplicación decimal y de fracciones para expresar medidas
equivalentes.

215

© 2019 Great Minds®. eureka-math.org

4. Expresa 1 centímetro como una fracción de 1 metro. (Forma decimal.)

5. Expresa 1 metro como una fracción de 1 kilómetro. (Forma decimal.)

Lee   Dibuja   Escribe

Lección 14:   Usar la multiplicación decimal y de fracciones para expresar medidas equivalentes.

Nombre _____   Fecha _____

1. Resuelve. El primer ejemplo ya está resuelto.

a. Convierte de días a semanas. 28 días = 28 × (1 día) = 28 × ($\frac{1}{7}$ semana) = $\frac{28}{7}$ semana = 4 semanas	b. Convierte cuartos de galón a galones. 20 cuartos de galón = _____ × (1 cuarto de galón) = _____ × ($\frac{1}{4}$ galón) = _____ galones = _____ galones
c. Convierte de centímetros a metros. 920 cm = _____ × (_____ cm) = _____ × (_____ m) = _____ m	d. Convierte de metros a kilómetros. 1,578 m = _____ × (_____ m) = _____ × (0.001 km) = _____ km
e. Convierte gramos a kilogramos 6,080 g =	f. Convierte mililitros a litros. 509 ml =

Lección 14:   Usar la multiplicación decimal y de fracciones para expresar medidas equivalentes.

217

© 2019 Great Minds®. eureka-math.org

2. Después de resolver, escribe una afirmación para expresar cada conversión. El primer ejemplo
    ya está resuelto.

a. La pantalla mide 24 pulgadas. Convierte de 24 pulgadas a pies. $24 \text{ pulgadas} = 24 \times (1 \text{ pulgada})$ $= 24 \times (\frac{1}{12} \text{ pies})$ $= \frac{24}{12} \text{ pies}$ $= 2 \text{ pies}$ La pantalla mide 24 pulgadas o 2 pies.	b. Una jarra de jarabe contiene 12 tazas. Convierte 12 tazas a pintas.
c. La longitud del trampolín es de 378 centímetros. ¿Cuál es su longitud en metros?	d. La capacidad de un contenedor es de 1,478 mililitros. Convierte esto a litros.
e. Un camión pesa 3,900,000 gramos. Convierte el peso del camión a kilogramos.	f. La distancia era de 264,040 metros. Convierte la distancia a kilómetros.

Lección 14:   Usar la multiplicación decimal y de fracciones para expresar medidas equivalentes.

© 2019 Great Minds®. eureka-math.org

EUREKA MATH

Nombre _____ Fecha _____

1. Convierte días a semanas completando los enunciados numéricos.

    35 días = _____ × (_____ día)

    = _____ × (_____ semana)

    =

    =

2. Convierte gramos a kilogramos completando los enunciados numéricos.

    4,567 gramos = _____ × _____

    = _____ × _____

    =

    =

Lección 14:   Usar la multiplicación decimal y de fracciones para expresar medidas equivalentes.

© 2019 Great Minds®. eureka-math.org

219

Nombre _____   Fecha _____

Resuelve.

1. ¡El gato de Lisa tuvo seis gatitos! Cuando Lisa y su hermano pesaron a todos los gatos juntos, pesaron 4 libras 2 onzas. Ya que todos los gatitos tienen casi el mismo tamaño, aproximadamente, ¿cuántas onzas pesa cada gatito?

2. Un contenedor de orégano es 17 libras más pesado que un contenedor de granos de pimienta. El peso total de los dos es de 253 libras. Los granos de pimienta se venderán en bolsas de una onza. ¿Cuántas bolsas de granos de pimienta se pueden hacer?

3. Cada disfraz necesita 46 centímetros de listón rojo y 3 veces más de listón amarillo. ¿Cuál es la longitud total de listón que se necesita para 64 disfraces? Expresa tu respuesta en metros.

4. Para hacer un lote de jugo de naranja para su equipo de baloncesto, Jackie usó 5 veces más agua que concentrado. Usó 32 tazas más de agua que de concentrado.

   a. ¿Cuánto jugo hizo en total?

   b. Ella vertió el jugo en contenedores de 1 cuarto de galón. ¿Cuántos contenedores pudo llenar?

Lección 15:   Resolver problemas escritos de dos pasos que involucran conversión de medidas.

EUREKA MATH

Nombre _____   Fecha _____

Resuelve.

Para practicar para la competencia de Ironman, John nadó 0.86 kilómetros cada día durante 3 semanas. ¿Cuántos metros nadó en esas 3 semanas?

Lección 15: Resolver problemas escritos de dos pasos que involucran conversión de medidas.

© 2019 Great Minds®. eureka-math.org

223

El área de un huerto rectangular es 200 pies². El ancho mide 10 pies. ¿Cuál es la longitud del huerto?

Lee   **Dibuja**   **Escribe**

Lección 16:   Utilizar los patrones de *división entre 10* para división de números enteros de varios dígitos.

225

© 2019 Great Minds®. eureka-math.org

Nombre _____   Fecha _____

1. Divide. Dibuja discos de valor posicional para mostrar tu razonamiento en (a) y (c). Puedes dibujar los discos en tu pizarra blanca individual para resolver las otras si es necesario.

a. $500 \div 10$	b. $360 \div 10$
c. $12{,}000 \div 100$	d. $450{,}000 \div 100$
e. $700{,}000 \div 1{,}000$	f. $530{,}000 \div 100$

Lección 16:   Utilizar los patrones de *división entre 10* para división de números enteros de varios dígitos.   **227**

© 2019 Great Minds®. eureka-math.org

2. Divide. El primer ejercicio ya está resuelto.

a. 12,000 ÷ 30	b. 12,000 ÷ 300	c. 12,000 ÷ 3,000
= 12,000 ÷ 10 ÷ 3 = 1,200 ÷ 3 = 400		
d. 560,000 ÷ 70	e. 560,000 ÷ 700	f. 560,000 ÷ 7,000
g. 28,000 ÷ 40	h. 450,000 ÷ 500	i. 810,000 ÷ 9,000

Lección 16:   Utilizar los patrones de *división entre 10* para división de
                         números enteros de varios dígitos.

EUREKA MATH

3. El suelo de un salón de banquetes rectangular tiene un área de 3,600 m². La longitud es de 90 m.

    a. ¿Cuál es el ancho del salón de banquetes?

    b. Un salón de banquetes cuadrado tiene la misma área. ¿Cuál es la longitud del salón?

    c. Un tercer salón de banquetes rectangular tiene un perímetro de 3,600 m. ¿Cuál es el ancho si la longitud es de 5 veces más que el ancho?

Lección 16:   Utilizar los patrones de *división entre 10* para división de números enteros de varios dígitos.

229

© 2019 Great Minds®. eureka-math.org

4. Dos estudiantes de quinto grado lo resolvieron como 400,000 dividido entre 800. Carter dijo que la respuesta es 500, mientras Kim dijo que la respuesta es 5,000.

   a. ¿Quién tiene la respuesta correcta? Explica tu razonamiento.

   b. ¿Y si el problema es 4,000,000 dividido entre 8,000? ¿Cuál es el cociente?

Lección 16:   Utilizar los patrones de *división entre 10* para división de números enteros de varios dígitos.

© 2019 Great Minds®. eureka-math.org

EUREKA MATH

Nombre _____   Fecha _____

Divide. Muestra tu razonamiento.

a. $17,000 \div 100$	b. $59,000 \div 1,000$
c. $12,000 \div 40$	d. $480,000 \div 600$

Lección 16:   Utilizar los patrones de *división entre 10* para división de números enteros de varios dígitos.

231

EUREKA MATH®

© 2019 Great Minds®. eureka-math.org

Se empacaron 852 libras de uvas equitativamente en 3 cajas para su embarque. ¿Cuántas libras de uvas había en 2 cajas?

_____

_____

_____

_____

Lee   **Dibuja**   **Escribe**

Lección 17:   Usar operaciones básicas para aproximar cocientes con divisores de dos dígitos.

233

© 2019 Great Minds®. eureka-math.org

Nombre _____   Fecha _____

1. Estima el cociente de los siguientes problemas. Primero redondea el divisor.

a. $609 \div 21$ $\approx 600 \div 20$ $= 30$	b. $913 \div 29$ $\approx$ _____ $\div$ _____ $=$ _____	c. $826 \div 37$ $\approx$ _____ $\div$ _____ $=$ _____
d. $141 \div 73$ $\approx$ _____ $\div$ _____ $=$ _____	e. $241 \div 58$ $\approx$ _____ $\div$ _____ $=$ _____	f. $482 \div 62$ $\approx$ _____ $\div$ _____ $=$ _____
g. $656 \div 81$ $\approx$ _____ $\div$ _____ $=$ _____	h. $799 \div 99$ $\approx$ _____ $\div$ _____ $=$ _____	i. $635 \div 95$ $\approx$ _____ $\div$ _____ $=$ _____
j. $311 \div 76$ $\approx$ _____ $\div$ _____ $=$ _____	k. $648 \div 83$ $\approx$ _____ $\div$ _____ $=$ _____	l. $143 \div 35$ $\approx$ _____ $\div$ _____ $=$ _____
m. $525 \div 25$ $\approx$ _____ $\div$ _____ $=$ _____	n. $552 \div 85$ $\approx$ _____ $\div$ _____ $=$ _____	o. $667 \div 11$ $\approx$ _____ $\div$ _____ $=$ _____

2. Una tienda de videojuegos tiene un presupuesto de $825 y quieren comprar videojuegos nuevos. Si cada videojuego cuesta $41, estima la cantidad de videojuegos que la tienda puede comprar con su presupuesto. Explica tu razonamiento.

3. Jackson estimó 637 ÷ 78 como 640 ÷ 80. Él razonó que 64 decenas divididas entre 8 decenas deberían ser 8 decenas. ¿Es correcto el razonamiento de Jackson? Si es así, explica por qué. Si no es así, explica una solución correcta.

Lección 17: Usar operaciones básicas para aproximar cocientes con divisores de dos dígitos.

© 2019 Great Minds®. eureka-math.org

EUREKA MATH

Nombre _____   Fecha _____

Estima el cociente de los siguientes problemas.

a. $608 \div 23$ $\approx$ _____ $\div$ _____ $=$ _____	b. $913 \div 31$ $\approx$ _____ $\div$ _____ $=$ _____
c. $151 \div 39$ $\approx$ _____ $\div$ _____ $=$ _____	d. $481 \div 68$ $\approx$ _____ $\div$ _____ $=$ _____

Lección 17:   Usar operaciones básicas para aproximar cocientes con divisores de dos dígitos.

© 2019 Great Minds®. eureka-math.org

Sandra compró 38 películas de DVD por $874. Realiza un cálculo aproximado del costo de cada película de DVD.

_____

_____

_____

_____

Lee   **Dibuja**   **Escribe**

Nombre _____   Fecha _____

1. Calcula los cocientes de los siguientes problemas. El primero está hecho como ejemplo.

a. 5,738 ÷ 21
 	
   ≈ 6,000 ÷ 20
 	
   = 300
	b. 2,659 ÷ 28
	
	   ≈ _____ ÷ _____
	
	   = _____
		c. 9,155 ÷ 34
		
		   ≈ _____ ÷ _____
		
		   = _____

d. 1,463 ÷ 53
 	
   ≈ _____ ÷ _____
 	
   = _____
	e. 2,525 ÷ 64
	
	   ≈ _____ ÷ _____
	
	   = _____
		f. 2,271 ÷ 72
		
		   ≈ _____ ÷ _____
		
		   = _____

g. 4,901 ÷ 75
 	
   ≈ _____ ÷ _____
 	
   = _____
	h. 8,515 ÷ 81
	
	   ≈ _____ ÷ _____
	
	   = _____
		i. 8,515 ÷ 89
		
		   ≈ _____ ÷ _____
		
		   = _____

j. 3,925 ÷ 68
 	
   ≈ _____ ÷ _____
 	
   = _____
	k. 5,124 ÷ 81
	
	   ≈ _____ ÷ _____
	
	   = _____
		l. 4,945 ÷ 93
		
		   ≈ _____ ÷ _____
		
		   = _____

m. 5,397 ÷ 94
 	
   ≈ _____ ÷ _____
 	
   = _____
	n. 6,918 ÷ 86
	
	   ≈ _____ ÷ _____
	
	   = _____
		o. 2,806 ÷ 15
		
		   ≈ _____ ÷ _____
		
		   = _____

Lección 18:   Usar operaciones básicas para aproximar cocientes con divisores de dos dígitos.

241

© 2019 Great Minds®. eureka-math.org

2. Una piscina requiere de 672 pies^2 de espacio. La longitud de la piscina es de 32 pies. Calcula el ancho de la piscina.

3. Janice compró 28 aplicaciones para su teléfono que, en conjunto, usaron 1,348 MB de espacio.

   a. Si cada aplicación usó la misma cantidad de espacio, ¿aproximadamente cuántos MB de memoria usó cada aplicación? Demuestra cómo llegaste a este estimado.

   b. Si la mitad de las aplicaciones fueron gratuitas y la otra mitad tuvo un costo de $1.99 cada una, ¿aproximadamente cuánto gastó?

4. Un cuarto de galón de pintura cubre aproximadamente 85 pies cuadrados. ¿Aproximadamente cuántos cuartos de galón necesitas para cubrir una cerca con un área de 3,817 pies cuadrados?

5. Peggy ha ahorrado $9,215. Si le pagan $45 por hora, ¿aproximadamente cuántas horas trabajó?

EUREKA MATH®

Nombre _____ Fecha _____

Calcula los cocientes de los siguientes problemas.

a. $6,523 \div 21$

   $\approx$ _____ $\div$ _____

   $=$ _____

c. $8,491 \div 37$

   $\approx$ _____ $\div$ _____

   $=$ _____

d. $3,704 \div 53$

   $\approx$ _____ $\div$ _____

   $=$ _____

b. $4,819 \div 68$

   $\approx$ _____ $\div$ _____

   $=$ _____

En el concurso de cultivo de calabaza de Highland Falls, la calabaza ganadora del premio contiene 360 semillas. El orgulloso granjero tiene planeado vender sus semillas en paquetes de 12. ¿Cuántos paquetes puede hacer usando todas las semillas?

Lee   **Dibuja**   **Escribe**

Lección 19:   Dividir dividendos de dos y tres dígitos entre múltiplos de 10 con cocientes de un dígito y establecer conexiones con un método escrito.

245

© 2019 Great Minds®. eureka-math.org

Nombre _____   Fecha _____

1. Divide y luego comprueba. El primer problema ya está resuelto.

    a. $41 \div 30$

```
                    1   R 11
        3   0 | 4   1
            -   3   0
                1   1
```

    Comprobar:

    $30 \times 1 = 30$
    $30 + 11 = 41$

    b. $80 \div 30$

    c. $71 \div 50$

    d. $270 \div 30$

    e. $643 \div 80$

    f. $215 \div 90$

EUREKA
MATH®

2. Terry dice que la solución a 299 ÷ 40 es 6 con un resto de 59. Su trabajo se muestra abajo. Explica el error en el razonamiento de Terry y luego encuentra el cociente correcto usando el espacio a la derecha.

$$
\begin{array}{r}
6 \\
40 \overline{\smash{\big)}\ 2\ 9\ 9} \\
-\ 2\ 4\ 0 \\
\hline
5\ 9
\end{array}
\qquad\qquad
40 \overline{\smash{\big)}\ 2\ 9\ 9}
$$

3. Un número dividido entre 80 tiene un cociente de 7 con 4 como resto. Encuentra el número.

4. Al nadar en una carrera de 2 km, Adam cambia de brazada de pecho a estilo mariposa cada 200 m. ¿Cuántas veces cambia él de brazadas durante la primera mitad de la carrera?

EUREKA
MATH®

Nombre _____   Fecha _____

Divide y luego comprueba usando la multiplicación.

a. 73 ÷ 20

b. 291 ÷ 30

Lección 19:   Dividir dividendos de dos y tres dígitos entre múltiplos de 10 con cocientes de un dígito y establecer conexiones con un método escrito.

249

© 2019 Great Minds®. eureka-math.org

Billy tiene 2.4 m de listón para hacer manualidades. Él lo quiere compartir en partes iguales con 12 amigos. ¿Cuántos centímetros de listón obtendrían 7 amigos?

_____

_____

_____

_____

Lee   **Dibuja**   **Escribe**

Lección 20:   Dividir dividendos de dos y tres dígitos entre divisores de dos dígitos con cocientes de un dígito y establecer conexiones con un método escrito.

251

© 2019 Great Minds®. eureka-math.org

Nombre _____   Fecha _____

1. Divide. Después comprueba con la multiplicación. El primero está hecho como ejemplo.

   a. $65 \div 17$

   $$
   \begin{array}{r}
   3 \ \text{R} \ 14 \\
   17 \overline{\smash{)}6\ 5} \\
   -\ \underline{5\ 1} \\
   1\ 4
   \end{array}
   $$

   Comprueba:

   $17 \times 3 = 51$

   $51 + 14 = 65$

   b. $49 \div 21$

   c. $78 \div 39$

   d. $84 \div 32$

   e. $77 \div 25$

   f. $68 \div 17$

EUREKA MATH®

Lección 20:   Dividir dividendos de dos y tres dígitos entre divisores de dos dígitos con cocientes de un dígito y establecer conexiones con un método escrito.

253

© 2019 Great Minds®. eureka-math.org

2. Al dividir 82 entre 43, Linda calculó que el cociente sería 2. Examina el trabajo de Linda y explica qué debe hacer después. Muestra a la derecha cómo resolverías tú el problema.

Cálculo de Linda:	Trabajo de Linda:	Tu trabajo.

$$40 \overline{)\, 80}^{\,2}$$

$$43 \overline{)\, 82}^{\,2} \\ \underline{-\,86} \\ ?\;?$$

$$43 \overline{)\, 82}$$

3. Un número dividido entre 43 tiene un cociente de 3 con 28 como resto. Encuentra el número. Muestra tu trabajo.

EUREKA MATH®

4. Escribe otro problema de división con un cociente de 3 y un resto de 28.

5. La Sra. Silverstein vendió 91 pastelitos en una feria de comidas. Los pastelitos se vendieron en cajas de una "docena panadera", la cual contiene 13. Ella vendió todos los pastelitos por $15 por caja. ¿Cuánto dinero recibió?

Lección 20:   Dividir dividendos de dos y tres dígitos entre divisores de dos dígitos con cocientes de un dígito y establecer conexiones con un método escrito.

255

© 2019 Great Minds®. eureka-math.org

Nombre _____   Fecha _____

Divide. Después comprueba con la multiplicación.

a. 78 ÷ 21

b. 89 ÷ 37

Lección 20:   Dividir dividendos de dos y tres dígitos entre divisores de dos dígitos con   257
               cocientes de un dígito y establecer conexiones con un método escrito.

© 2019 Great Minds®. eureka-math.org

105 estudiantes se dividieron en 15 equipos iguales.

    a. ¿Cuántos jugadores había en cada equipo?

    b. Si cada equipo tenía 3 niñas, ¿cuántos niños había en total?

Lee   **Dibuja**   **Escribe**

Lección 21:   Dividir dividendos de dos y tres dígitos entre divisores de dos dígitos con cocientes de un dígito y establecer conexiones con un método escrito.

259

© 2019 Great Minds®. eureka-math.org

Nombre _____   Fecha _____

1. Divide. Luego verifica usando la multiplicación. El primer ejercicio ya está resuelto.

a. 258 ÷ 47

$$
\begin{array}{r}
5 \ \text{R}\,23 \\
47\,\overline{\smash{)}\,258} \\
-\ 235 \\
\hline
23
\end{array}
$$

Comprueba:

$47 \times 5 = 235$

$235 + 23 = 258$

b. 148 ÷ 67

c. 591 ÷ 73

d. 759 ÷ 94

EUREKA
MATH®

© 2019 Great Minds®. eureka-math.org

e. $653 \div 74$

f. $257 \div 36$

2. Genera y resuelve por lo menos un problema de división más con el mismo cociente y resto como el que aparece abajo. Explica tu proceso de razonamiento.

```
            8
58 | 4 7 5
 -   4 6 4
         1 1
```

EUREKA MATH

3. Supón que el automóvil de la Sra. Giang viaja 14 millas por cada galón de gasolina. Si ella viaja para visitar a su sobrina que vive a 133 millas de distancia, ¿cuántos galones de gasolina necesitará la Sra. Giang para hacer el viaje de ida y vuelta?

4. Louis trae 79 lápices a la escuela. Después de dar a cada uno de sus 15 compañeros de clase un número igual de lápices, él dará todos los lápices que sobren a su maestro.

    a. ¿Cuántos lápices recibirá el maestro de Louis?

    b. Si Louis decide en su lugar tomar una porción igual de los lápices junto con sus compañeros de clase, ¿recibirá su maestro más lápices o menos lápices? Muestra tu razonamiento.

Lección 21:   Dividir dividendos de dos y tres dígitos entre divisores de dos dígitos con cocientes de un dígito y establecer conexiones con un método escrito.

263

© 2019 Great Minds®. eureka-math.org

Nombre _____   Fecha _____

Divide. Luego verifica usando la multiplicación.

   a. $326 \div 53$

   b. $192 \div 38$

Lección 21:   Dividir dividendos de dos y tres dígitos entre divisores de dos dígitos con cocientes de un dígito y establecer conexiones con un método escrito.

265

© 2019 Great Minds®. eureka-math.org

La hermana menor de Zenin pesó 132 onzas al nacer. ¿Cuánto pesó su hermana en libras y onzas?

_____

_____

_____

_____

Lee   **Dibuja**   **Escribe**

Lección 22: Dividir dividendos de tres y cuatro dígitos entre divisores De dos dígitos que dan como resultado cocientes de dos y tres dígitos, analizando la descomposición de los restos consecutivos en cada valor posicional.

© 2019 Great Minds®. eureka-math.org

267

Nombre _____   Fecha _____

1. Divide. Luego revisa usando la multiplicación. El primero está resuelto como ejemplo.

   a. $580 \div 17$

                              3 4 R 2   *Revisión:*

                    1 7 ⟌ 5 8 0 $34 \times 17 = 578$

                        −   5 1 $578 + 2 = 580$
                          _____
                              7 0

   b. $730 \div 32$

   c. $940 \div 28$

   d. $553 \div 23$

EUREKA
MATH®

e. $704 \div 46$

f. $614 \div 15$

2.   Abajo, Helena resolvió $664 \div 48$. Obtuvo un cociente de 13 con un resto de 40. ¿Cómo puede usar su trabajo de abajo para resolver $659 \div 48$ sin tener que volver a hacer el trabajo? Explica tu razonamiento.

```
        1 3
   48 | 6 6 4
     -  4 8
        1 8 4
```

Lección 22:   Dividir dividendos de tres y cuatro dígitos entre divisores de dos dígitos que dan como resultado cocientes de dos y tres dígitos, analizando la descomposición de los restos consecutivos en cada valor posicional.

EUREKA MATH

3. 27 estudiantes están aprendiendo a hacer animales con globos. Hay 172 globos que se tienen que compartir equitativamente entre los estudiantes.

   a. ¿Cuántos globos quedan después de compartirlos equitativamente?

   b. Si cada estudiante necesita 7 globos, ¿cuántos globos más se necesitan? Explica cómo lo sabes.

EUREKA MATH®

Lección 22:   Dividir dividendos de tres y cuatro dígitos entre divisores de dos dígitos que dan como resultado cocientes de dos y tres dígitos, analizando la descomposición de los restos consecutivos en cada valor posicional.

© 2019 Great Minds®. eureka-math.org

271

Nombre _____   Fecha _____

Divide. Luego revisa usando la multiplicación.

a. $413 \div 19$

b. $708 \div 67$

Lección 22:   Dividir dividendos de tres y cuatro dígitos entre divisores de dos dígitos que dan como resultado cocientes de dos y tres dígitos, analizando la descomposición de los restos consecutivos en cada valor posicional.

© 2019 Great Minds®. eureka-math.org

273

El salón rectangular mide 224 pies cuadrados. La longitud de un lado del salón es de 14 pies. ¿Cuál es el perímetro del salón?

Lee   **Dibuja**   **Escribe**

Lección 23:   Dividir dividendos de tres y cuatro dígitos entre divisores de dos dígitos que dan como resultado cocientes de dos y tres dígitos, analizando la descomposición de los restos consecutivos en cada valor posicional.

© 2019 Great Minds®. eureka-math.org

275

Nombre _____   Fecha _____

1. Divide. Luego verifica usando la multiplicación.

    a. 4.859 ÷ 23

    b. 4.368 ÷ 52

    c. 7.242 ÷ 34

    d. 3.164 ÷ 45

    e. 9.152 ÷ 29

    f. 4.424 ÷ 63

Lección 23:   Dividir dividendos de tres y cuatro dígitos entre divisores de dos dígitos que dan
como resultado cocientes de dos y tres dígitos, analizando la descomposición
de los restos consecutivos en cada valor posicional.

© 2019 Great Minds®. eureka-math.org

2. El Sr. Riley cocinó 1,692 galletas de chocolate. Las vendió en cajas de 36 galletas cada una. ¿Cuánto dinero ganó si las vendió a $8 por caja?

3. 1,092 flores se pusieron en 26 floreros, con el mismo número de flores en cada florero. ¿Cuántas flores se necesitarían para llenar 130 floreros del mismo tipo?

4. El tanque de agua de un elefante contiene 2,560 galones de agua. Dos semanas después, el cuidador del zoológico mide y encuentra que quedan 1,944 galones de agua en el tanque. Si el elefante bebe la misma cantidad de agua todos los días, ¿cuántos días duraría un tanque de agua lleno?

Lección 23: Dividir dividendos de tres y cuatro dígitos entre divisores de dos dígitos que dan como resultado cocientes de dos y tres dígitos, analizando la descomposición de los restos consecutivos en cada valor posicional.

© 2019 Great Minds®. eureka-math.org

Nombre _____   Fecha _____

Divide. Luego verifica usando la multiplicación.

a. $8.283 \div 19$

b. $1.056 \div 37$

Lección 23:   Dividir dividendos de tres y cuatro dígitos entre divisores de dos dígitos que dan
como resultado cocientes de dos y tres dígitos, analizando la descomposición
de los restos consecutivos en cada valor posicional.

© 2019 Great Minds®. eureka-math.org

279

Un corredor de larga distancia escribió sus distancias de entrenamiento en la siguiente tabla. Completa los valores faltantes.

Diario del corredor

Número total de millas recorridas	Número de días	Millas recorridas cada día
420		12
14.5	5	
38.0	10	
	17	16.5

Lee   Dibuja   Escribe

Lección 24:   Dividir dividendos decimales entre múltiplos de 10, razonando sobre la posición del punto decimal y haciendo relaciones con un método escrito.

© 2019 Great Minds®. eureka-math.org

281

Nombre _____   Fecha _____

1. Divide. Muestra en dos pasos la división en la columna de la derecha. Los primeros dos ya están resueltos.

a. $1.2 \div 6 = 0.2$

b. $1.2 \div 60 = (1.2 \div 6) \div 10 = 0.2 \div 10 = 0.02$

c. $2.4 \div 4 =$ _____

d. $2.4 \div 40 =$ _____

e. $14.7 \div 7 =$ _____

f. $14.7 \div 70 =$ _____

g. $0.34 \div 2 =$ _____

h. $3.4 \div 20 =$ _____

i. $0.45 \div 9 =$ _____

j. $0.45 \div 90 =$ _____

k. $3.45 \div 3 =$ _____

l. $34.5 \div 300 =$ _____

EUREKA MATH®

Lección 24: Dividir dividendos decimales entre múltiplos de 10, razonando sobre la posición del punto decimal y haciendo relaciones con un método escrito.

© 2019 Great Minds®. eureka-math.org

2. Usa el razonamiento del valor posicional y el cociente para calcular el segundo cociente. Explica tu razonamiento.

   a. $46.5 \div 5 = 9.3$

   $46.5 \div 50 = $ _____

   b. $0.51 \div 3 = 0.17$

   $0.51 \div 30 = $ _____

   c. $29.4 \div 70 = 0.42$

   $29.4 \div 7 = $ _____

   d. $13.6 \div 40 = 0.34$

   $13.6 \div 4 = $ _____

Lección 24: Dividir dividendos decimales entre múltiplos de 10, razonando sobre la posición del punto decimal y haciendo relaciones con un método escrito.
© 2019 Great Minds®. eureka-math.org

EUREKA MATH

3. Hay veinte osos polares viviendo en el zoológico. En cuatro semanas, comen 9,732.8 libras de alimentos juntos. Si cada oso recibe la misma cantidad de alimento, ¿cuánto alimento se le da de comer a un oso en una semana? Redondea tu respuesta a la libra más cercana.

4. El peso total de 30 bolsas de harina y 4 bolsas de azúcar es de 42.6 kg. Si cada bolsa de azúcar pesa 0.75 kg, ¿entonces cuál es el peso de cada bolsa de harina?

Lección 24:   Dividir dividendos decimales entre múltiplos de 10, razonando sobre la posición del punto decimal y haciendo relaciones con un método escrito.

© 2019 Great Minds®. eureka-math.org

285

Nombre _____

Fecha _____

1. Divide.

   a. 27.3 ÷ 3

   b. 2.73 ÷ 30

   c. 273 ÷ 300

2. Si 7.29 ÷ 9 = 0.81, entonces el cociente de 7.29 ÷ 90 es _____. Usa el razonamiento del valor posicional para explicar la posición del punto decimal.

Lección 24:   Dividir dividendos decimales entre múltiplos de 10, razonando sobre la posición del punto decimal y haciendo relaciones con un método escrito.

© 2019 Great Minds®. eureka-math.org

287

La Srta. Heinz gastó 12 dólares en 30 fichas para el autobús durante el viaje escolar. ¿Cuánto cuestan 12 fichas?

Lee   **Dibuja**   **Escribe**

Lección 25: Usar operaciones básicas para aproximar los cocientes Decimales con divisores de dos dígitos; reflexionar sobre la colocación del punto decimal.

© 2019 Great Minds®. eureka-math.org

289

Nombre _____   Fecha _____

1. Estima los cocientes.

    a. $3.24 \div 82 \approx$

    b. $361.2 \div 61 \approx$

    c. $7.15 \div 31 \approx$

    d. $85.2 \div 31 \approx$

    e. $27.97 \div 28 \approx$

2. Estima el cociente en (a). Usa tu cociente estimado para r (b) y (c).

    a. $7.16 \div 36 \approx$

    b. $716 \div 36 \approx$

    c. $71.6 \div 36 \approx$

EUREKA MATH®   Lección 25:   Usar operaciones básicas para aproximar los cocientes decimales con divisores de dos dígitos; reflexionar sobre la colocación del punto decimal.

© 2019 Great Minds®. eureka-math.org

3. Cada día, Eduardo recorre en bicicleta el mismo sendero para ir a y regresar de la escuela. En 28 días escolares ya ha recorrido una distancia total de 389.2 millas.

a. Estima cuántas millas pedalea en un día.

b. Si Eduardo continúa pedaleando a la escuela, ¿cuántos días necesitará para recorrer la distancia de 500 millas?

4. Xavier va a la tienda con $40. Gastó $38.60 en 13 bolsas de palomitas.

a. ¿Aproximadamente cuánto cuesta 1 bolsa de palomitas?

b. ¿Le queda suficiente dinero para comprar una bolsa más? Usa tu estimación para explicar tu respuesta.

Lección 25: Usar operaciones básicas para aproximar los cocientes decimales con divisores de dos dígitos; reflexionar sobre la colocación del punto decimal.

EUREKA MATH

Nombre _____   Fecha _____

Estima los cocientes.

a. $1.64 \div 22 \approx$

b. $123.8 \div 62 \approx$

c. $6.15 \div 31 \approx$

Lección 25:   Usar operaciones básicas para aproximar los cocientes decimales con divisores de dos dígitos; reflexionar sobre la colocación del punto decimal.   **293**

© 2019 Great Minds®. eureka-math.org

Determina el cociente en número entero y el resto de las siguientes dos expresiones:

$$201 \div 12 \qquad\qquad 729 \div 45$$

Usa >, <, o = para completar este enunciado:

$$201 \div 12 \underline{\qquad} 729 \div 45$$

Justifica tu respuesta usando cocientes decimales.

Lee   **Dibuja**   **Escribe**

Lección 26:   Dividir dividendos decimales entre divisores de dos dígitos, estimando
cocientes, razonando sobre la posición del punto decimal y haciendo
relaciones con un método escrito.

© 2019 Great Minds®. eureka-math.org

295

Nombre _____   Fecha _____

1. $156 \div 24$ y $102 \div 15$ ambos tienen un cociente de 6 y un resto de 12.

   a. ¿Las expresiones de división son equivalentes? Usa tu conocimiento de la división decimal para justificar tu respuesta.

   b. Escribe tu propio problema de división con un divisor de dos dígitos que tenga un cociente de 6 y un resto de 12, pero que no sea equivalente a los problemas de 1(a).

2. Divide. Luego comprueba tu trabajo con la multiplicación.

   a. $36.14 \div 13$

   b. $62.79 \div 23$

   c. $12.21 \div 11$

   d. $6.89 \div 13$

Lección 26:   Dividir dividendos decimales entre divisores de dos dígitos, estimando cocientes, razonando sobre la posición del punto decimal y haciendo relaciones con un método escrito.

© 2019 Great Minds®. eureka-math.org

297

e. $249.6 \div 52$

f. $24.96 \div 52$

g. $300.9 \div 59$

h. $30.09 \div 59$

3. El peso de 72 canicas idénticas es de 183.6 gramos. ¿Cuánto pesa cada canica? Explica cómo sabes que es lógica la posición del punto decimal de tu cociente.

Lección 26:   Dividir dividendos decimales entre divisores de dos dígitos, estimando cocientes, razonando sobre la posición del punto decimal y haciendo relaciones con un método escrito.

© 2019 Great Minds®. eureka-math.org

EUREKA
MATH®

4. Cameron quiere medir la longitud de su salón de clases usando su pie como unidad de longitud. Su maestro le dice que la longitud del salón de clases es de 23 metros. Cameron recorre el salón de clases dando pasos de punta a talón y se da cuenta de que puede dar 92 pasos. ¿Cuánto mide el pie de Cameron en metros?

5. Una cuerda azul es tres veces más larga que una cuerda roja. Una cuerda verde es 5 veces más larga que la cuerda azul. Si la longitud total de las tres cuerdas es de 508.25 metros, ¿cuál es la longitud de la cuerda azul?

EUREKA MATH®

Lección 26: Dividir dividendos decimales entre divisores de dos dígitos, estimando cocientes, razonando sobre la posición del punto decimal y haciendo relaciones con un método escrito.

© 2019 Great Minds®. eureka-math.org

299

Nombre _____ Fecha _____

1. Estima. Luego divide usando el algoritmo estándar y comprueba.

   a. $45.15 \div 21$

   b. $14.95 \div 65$

2. Hoy aprendimos que las expresiones de división que tienen el mismo cociente y resto no necesariamente son iguales entre sí. Explica cómo es esto posible.

Lección 26:   Dividir dividendos decimales entre divisores de dos dígitos, estimando cocientes, razonando sobre la posición del punto decimal y haciendo relaciones con un método escrito.

© 2019 Great Minds®. eureka-math.org

301

Miguel tiene 567 centavos, Jorge tiene 464 centavos y Jaime tiene 661 centavos. Si los centavos son compartidos por igual entre los 3 chicos y los 33 compañeros de su clase, ¿cuánto dinero recibirá cada compañero de clase? Expresa tu respuesta en dólares.

Lee   **Dibuja**   **Escribe**

Lección 27:   Dividir dividendos decimales entre divisores de dos dígitos, estimando cocientes, razonando sobre la posición del punto decimal y haciendo relaciones con un método escrito.

© 2019 Great Minds®. eureka-math.org

303

Nombre _____ Fecha _____

1. Divide. Comprueba tu trabajo con una multiplicación.

   a. $5.6 \div 16$

   b. $21 \div 14$

   c. $24 \div 48$

   d. $36 \div 24$

   e. $81 \div 54$

   f. $15.6 \div 15$

   g. $5.4 \div 15$

   h. $16.12 \div 52$

   i. $2.8 \div 16$

Lección 27:   Dividir dividendos decimales entre divisores de dos dígitos, estimando cocientes, razonando sobre la posición del punto decimal y haciendo relaciones con un método escrito.

305

2. 30.48 kg de carne fue colocada en 24 paquetes de igual peso. ¿Cuál es el peso de un paquete de carne?

3. ¿Cuál es la longitud de un rectángulo cuyo ancho es de 17 pulgadas y cuya área es de 582.25 pulgadas^2?

Lección 27: Dividir dividendos decimales entre divisores de dos dígitos, estimando cocientes, razonando sobre la posición del punto decimal y haciendo relaciones con un método escrito.

© 2019 Great Minds®. eureka-math.org

4. Un entrenador de fútbol soccer gastó $162 dólares en 24 pares de calcetines para sus jugadores. ¿Cuánto les costaron cinco pares de calcetines?

5. Un club de manualidades hizo 95 pisapapeles idénticos para vender. Pudieron recolectar $230.85 tras vender todos los pisapapeles. Si la ganancia que recolectó el club por cada pisapapeles es dos veces más que el costo por hacerlos, ¿cuánto le cuesta al club hacer cada pisapapeles?

Lección 27:   Dividir dividendos decimales entre divisores de dos dígitos, estimando cocientes, razonando sobre la posición del punto decimal y haciendo relaciones con un método escrito.

© 2019 Great Minds®. eureka-math.org

307

Nombre _____   Fecha _____

Divide.

a. 28 ÷ 32

b. 68.25 ÷ 65

Lección 27:   Dividir dividendos decimales entre divisores de dos dígitos, estimando
cocientes, razonando sobre la posición del punto decimal y haciendo
relaciones con un método escrito.

Nombre _____   Fecha _____

1. Ava está ahorrando para una computadora nueva que cuesta $1,218. Ya tiene ahorrada la mitad del dinero. Ava gana $14.00 la hora. ¿Cuántas horas debe trabajar Ava para poder ahorrar el resto del dinero?

2. Miguel tiene una colección de 1,404 tarjetas de deportes. Espera vender su colección en paquetes de 36 tarjetas y reunir $633.75 cuando todos los paquetes se hayan vendido. Si cada paquete cuesta lo mismo, ¿cuánto debe cobrar Miguel por cada paquete?

Lección 28:   Resolver problemas escritos de división que involucran división de varios dígitos con el tamaño desconocido de cada grupo y la cantidad de grupos desconocida.

311

© 2019 Great Minds®. eureka-math.org

3. Jim Nasium está construyendo una casa de árbol para sus dos hijas. Corta 12 piezas de madera de una tabla que tiene 128 pulgadas de largo. Corta 5 piezas que miden 15.75 pulgadas cada una y 7 piezas iguales cortadas de lo que sobró. Jim calcula que, debido al ancho de su sierra de cortar, perderá un total de 2 pulgadas de madera después de hacer todos los cortes. ¿Cuál es la longitud de cada una de las siete piezas?

4. Una carga de ladrillos pesa el doble que una carga de palos. El peso total de 4 cargas de ladrillos y 4 cargas de palos es de 771 kilogramos. ¿Cuál es el peso total de 1 carga de ladrillos y 3 cargas de palos?

Lección 28:   Resolver problemas escritos de división que involucran división de varios dígitos con el tamaño desconocido de cada grupo y la cantidad de grupos desconocida.

© 2019 Great Minds®. eureka-math.org

EUREKA
MATH

Nombre _____   Fecha _____

Resuelve este problema y muestra todo tu trabajo.

Kenny ordenó uniformes para los clubes de tenis de niños y niñas. Ordenó camisas para 43 jugadores y 2 entrenadores con un costo total de $658.35. Además, ordenó viseras para cada jugador con un costo total de $368.51. ¿Cuánto pagará cada jugador por una camisa y una visera?

Lección 28: Resolver problemas escritos de división que involucran división de varios dígitos con el tamaño desconocido de cada grupo y la cantidad de grupos desconocida.

313

© 2019 Great Minds®. eureka-math.org

Una suscripción de un año (52 semanas) a una revista semanal cuesta $39.95. Greg calcula que ahorraría $219.53 si se suscribiera a la revista en vez de comprarla todas las semanas en la tienda. ¿Cuál es el precio individual de la revista en la tienda?

_____

_____

_____

_____

Lee   **Dibuja**   **Escribe**

Lección 29: Resolver problemas escritos de división que involucran división de varios dígitos con el tamaño desconocido de cada grupo y la cantidad de grupos desconocida.

315

Nombre _____ Fecha _____

Resuelve.

1. Lamar tiene 1,354.5 kilogramos de papas para entregarlas por partes iguales a 18 tiendas. 12 de las tiendas se encuentran en el Bronx. ¿Cuántos kilogramos de papas se entregarán a tiendas del Bronx?

2. Valerie usa 12 onzas líquidas de detergente cada semana para lavar su ropa. Si hay 75 onzas líquidas del detergente en la botella, ¿en cuántas semanas tendrá que comprar una botella nueva de detergente? Explica cómo lo sabes.

Lección 29: Resolver problemas escritos de división que involucran división de varios dígitos con el tamaño desconocido de cada grupo y la cantidad de grupos desconocida.

© 2019 Great Minds®. eureka-math.org

317

3. El área de un rectángulo es de 56.96 m². Si la longitud es de 16 m, ¿cuál es su perímetro?

4. Una cuadra es 3 veces más larga que ancha. Si la distancia alrededor de la cuadra es de 0.48 kilómetros, ¿cuál es el área de la cuadra en metros cuadrados?

Lección 29: Resolver problemas escritos de división que involucran división de varios dígitos con el tamaño desconocido de cada grupo y la cantidad de grupos desconocida.

© 2019 Great Minds®. eureka-math.org

EUREKA MATH

Nombre _____   Fecha _____

Resuelve.

Hayley pidió prestados $1.854 a sus padres. Ella estuvo de acuerdo en pagar en cuotas iguales durante los siguientes 18 meses. ¿Cuánto le deberá Hayley a sus padres después de un año?

Lección 29:   Resolver problemas escritos de división que involucran división de varios dígitos con el tamaño desconocido de cada grupo y la cantidad de grupos desconocida.

© 2019 Great Minds®. eureka-math.org

319

Créditos

Great Minds® ha hecho todos los esfuerzos para obtener permisos para la reimpresión de todo el material protegido por derechos de autor. Si algún propietario de material sujeto a derechos de autor no ha sido mencionado, favor ponerse en contacto con Great Minds para su debida mención en todas las ediciones y reimpresiones futuras.